仰望星空

［美］梅格·撒切尔／著　乔海花／译

未来出版社

·西安·

你好！请叫我星星哥哥，你可以随时跟我联系。我会一直在书中出现，陪伴你读完这本书，并和你分享我所知道的所有星空的秘密

书里有什么？

在这本书里，有离我们最近的月球，也有远距离的行星，还有更远的很多很多的神秘星球。你可以徜徉其中。

1

迈向星空

书中的天文笔记将帮助你记录新的发现。

2

月　亮

每一章以叫作"更近地看"的小节结尾，告诉你利用双筒望远镜如何观测天空

还有"特殊事件"，你可以在里面找到日月食、流星雨等奇观的介绍。

如果你想要了解星座，你会在这本书里找到你需要的星图。

恒星和星座

发现更多

想象一下如果将太阳系放置在这本书中，太阳放在本页，那么每颗行星大约应该在哪页？看一下你是否能够全部找到它们！

太阳

迈向星空

我们的宇宙充满了恒星、行星和许多不同种类的神秘物质，

无论你在哪里，你都能看到它们。

不需要复杂的工具，你只需要抬起头向上看。

星空属于所有人

很久以前人们就知道很多关于星空的知识和故事。他们能够根据星星的位置找到北方，根据太阳的位置确定时间，知道哪个星座对应哪个季节。

这些在路灯被发明之前是很容易的。那时人们看见的星空是繁星点缀而成的。而现在，我们在城市之中只能看到被高楼遮挡的星空。许多人一生之中都未曾见过银河系。

但是无论你住在哪里，夜间能看到多少颗星星，你都可以观测星空。

这本书讲到了很多天文学的知识，包括恒星、行星和宇宙等等。天文学本身就很有趣，它也是人类历史一个重要的组成部分。人类很早就会观测星空，跟踪记录星星们

的运行方式，绘制它们的图像，编写它们的故事，试图了解星星们的秘密。

天空激发了数学和物理两门学科的出现，人们用这两门学科来解释大自然的规律，因为大自然的规律大多都与天体运动有关。同时人类也在思考自己在宇宙中究竟处于什么样的位置。

你可以在夜晚随时随地观测星空！你会喜欢上这个夜间出门抬头看星星的习惯。

古埃及丹德拉神庙的黄道十二宫浮雕，大约建于公元前一世纪。它被雕刻在神庙的天花板上，天空女神努特的身躯在画面底部。

金星已经在等着我们啦！

户外观星，你要准备什么？

如果你想要看一场流星雨，或者举办一个"仰望星空"派对，带上一些东西，会让自己在户外的夜晚也感到舒适。

水和零食

一张天图或者星轮（见第 5 章）

一条毯子

一个红色手电筒（见第 19 页）

一个常规手电筒

驱虫剂

一支铅笔

你的天文笔记本（见第 8 页）

如果你想获得关于举办一场"仰望星空"派对的更多提示，请见第 119 页。

水星

银河系看起来是什么样子？

银河系横穿天空，像一条银色的河流。我们可以在晴朗暗黑的夜空中看到它。人马座是银河系最亮的地方。

银盘是银河系的主要组成部分，直径大约 10 万光年，中心厚度约 1 万光年。它周围有数条旋臂，中心区域是致密的核球，恒星密布，中心还存在着一个巨大的黑洞。

沿着银盘的方向看去，可以看到许多恒星，它们分布密集，远远看去像一层乳白色的薄雾。从银盘往上看，恒星就很稀疏了。

太空对话 光年是光在真空中一年内旅行的距离。1 光年大约是 9.46 万亿千米。

在地球上的视角

少量恒星

恒星密布

银河系内的"黑色补丁"是遮挡恒星的尘埃

侧视图

少量恒星

地球

许多恒星

银河系是盘状的。银盘以内，恒星密布；银盘以外，恒星稀疏。

极 光

极光是出现在地球南北两极附近高空的一种灿烂美丽的光辉。它有时像发光的云彩，有时像五光十色的巨大荧幕，有时像舞动的彩带。

极光是由太阳风引起的，太阳风是来自太阳的高能带电粒子流。这些带电粒子流到达地球之后，一部分沿着地球的磁场流动，并与大气中的原子发生碰撞，产生光亮。

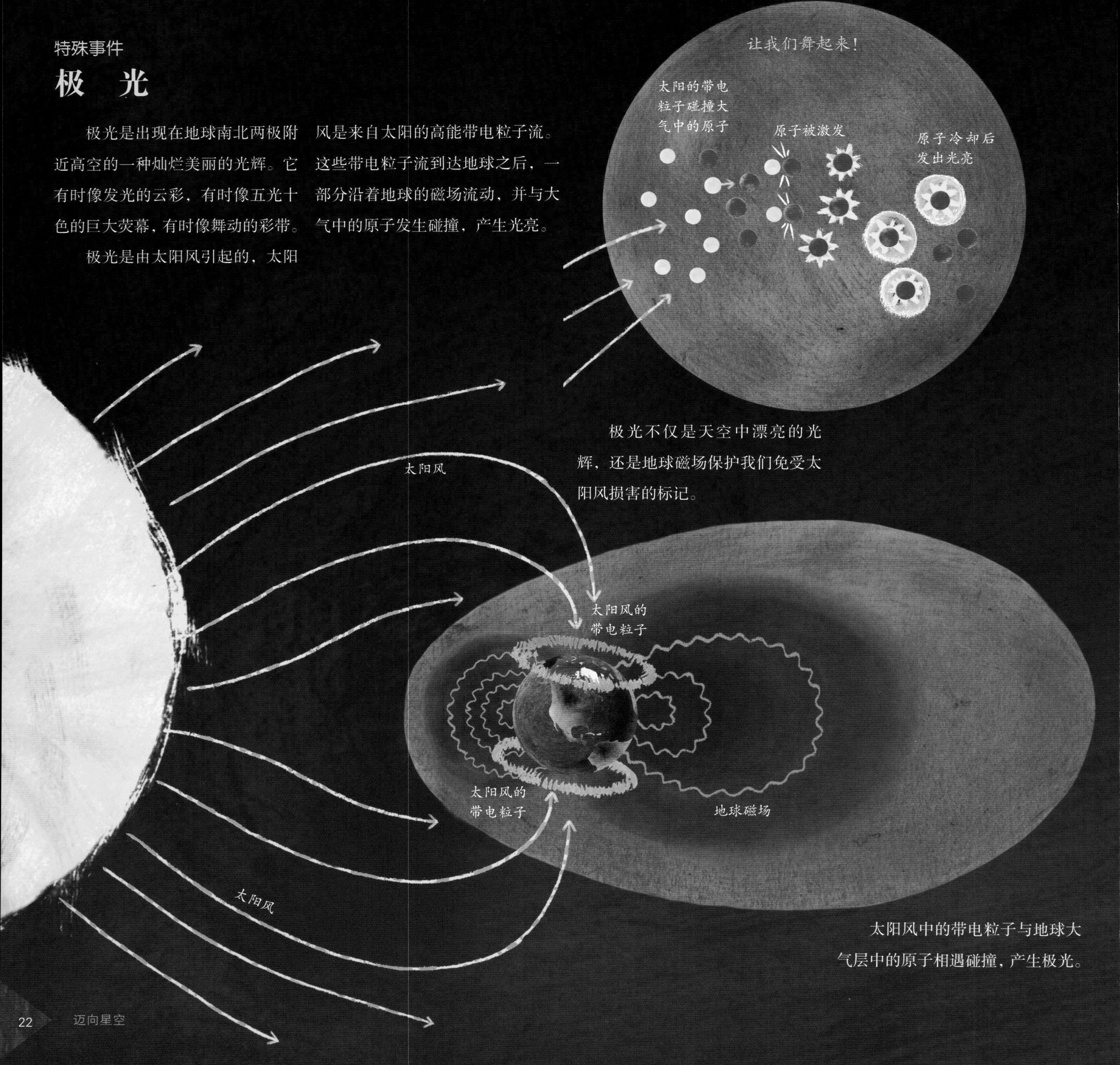

让我们舞起来！

太阳的带电粒子碰撞大气中的原子

原子被激发

原子冷却后发出光亮

极光不仅是天空中漂亮的光辉，还是地球磁场保护我们免受太阳风损害的标记。

太阳风

太阳风的带电粒子

太阳风的带电粒子

地球磁场

太阳风

太阳风中的带电粒子与地球大气层中的原子相遇碰撞，产生极光。

宇宙中绝大多数物质都是由原子组成的，原子是特别小的粒子，肉眼是看不到的。每个原子之中，是更小的原子核和围绕原子核的电子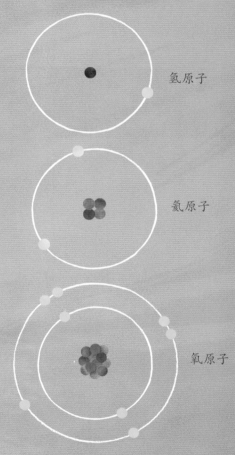，原子核之内是质子●和中子●。质子带一个正电荷，电子带一个负电荷，中子不带电，是中性的。

氢原子

氦原子

氧原子

在一个原子中，原子核包含的质子数量决定了这个原子的类型。例如，氢原子中有1个质子，氦原子中有2个质子，氧原子中有8个质子（图中2个质子隐藏在其他质子的后面）。

如何观测极光

观测极光的最佳时间是没有月亮的冬夜。不是因为极光只在冬天出现，而是因为冬天的夜晚比较长，有更多的机会观看到极光。

在北半球，就向北边的地平线看；在南半球，就向南边的地平线看。如果看到一抹光辉，而这抹光辉不是来自附近的城市，它可能就是极光。

要穿暖和哦，这样就可以多看一会儿极光了！随着带电粒子与大气层不同高度的原子相互碰撞，极光会出现各种美丽的颜色和形态。

距离地球两个磁极越近，越容易看到极光。

极光有许多种颜色。当电粒子和氧原子碰撞时，出现黄色和绿色；当电粒子和氮原子碰撞时，出现红色、紫色，甚至会出现十分罕见的蓝色。

更近地看
双筒望远镜

我们不仅能用肉眼观测星空，还能借助双筒望远镜，让我们看得更加清晰！下面是双筒望远镜的用法介绍，在第 123 页还有双筒望远镜的相关知识介绍。

对焦

大一点的双筒望远镜在两筒之间有一个聚焦旋钮（主聚焦器）。还有一些双筒望远镜在目镜片上各有一个环（目镜聚焦器），可以分别调整焦距，因为大部分人的双眼视力是不同的。

1. 将双筒望远镜对准一颗恒星，准备对焦。

2. 用手盖在物镜上，注意不要触碰到镜头。

3. 转动主聚焦器，让你的视野变得清晰。此时你看到的恒星，像一个小小的针点。

4. 放开第一个物镜，用手覆盖在另一个物镜上，现在仅用目镜聚焦器来聚焦。

小一点的双筒望远镜通常有两个目镜聚焦器，没有主聚焦器。一次聚焦一个目镜。

如果你戴眼镜，需要摘掉眼镜，看向双筒望远镜，然后调整焦距。如果你不想摘下眼镜，需要把护目镜折叠起来。

如果望远镜起雾了，不要随意擦拭！因为擦拭可能会损伤镜头。可以用吹风机来清理。

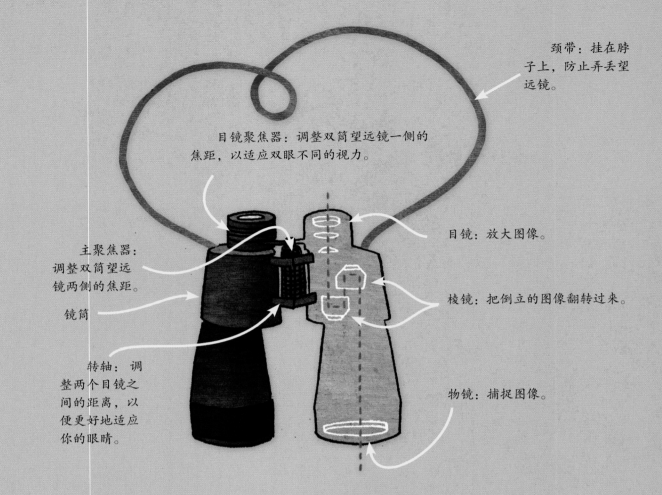

颈带：挂在脖子上，防止弄丢望远镜。

目镜聚焦器：调整双筒望远镜一侧的焦距，以适应双眼不同的视力。

目镜：放大图像。

主聚焦器：调整双筒望远镜两侧的焦距。

镜筒

棱镜：把倒立的图像翻转过来。

转轴：调整两个目镜之间的距离，以便更好地适应你的眼睛。

物镜：捕捉图像。

使用护目镜

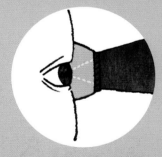

护目镜用来遮挡杂光、散光，还可以让眼睛与目镜之间有一个最佳距离。

如果戴着眼镜看，可以把护目镜折叠起来。

指向和寻找

仰望星空进行观测的时候，要给眼睛预留出适应黑暗的时间。先从比较明亮的天体开始看，再慢慢看向比较暗的天体。

其实，使用双筒望远镜观测星空，会给我们带来很大的局限性，因为镜头的限制，只能让我们看到一块一块的天空。下面会为你介绍一些肉眼和望远镜搭配使用的小技巧。

★ **眼睛先看**：一个很好的方法是用眼睛先盯着天体，然后慢慢举起双筒望远镜到眼睛上。那么这个天体就基本能被观测到了。

★ **螺旋搜索**：如果用双筒望远镜找不到你正在观看的天体，可以用螺旋搜索的方式寻找。从你指向的地方开始画圆，以螺旋的形状移动双筒望远镜，直到找到那颗天体。

★ **垂直上升**：你还可以将双筒望远镜直接指向你想要看的天体的水平线下面，然后慢慢向上移动。

为了保持双筒望远镜的稳定，使用的时候可将肘部靠在围栏或者墙上。如果使用放大倍数大于10的双筒望远镜，还需要有三脚架的支撑。如果你想看的天体在天空中很高的位置，最好躺在地上，或者躺在一个沙滩椅上避免脖子疼痛！

螺旋搜索

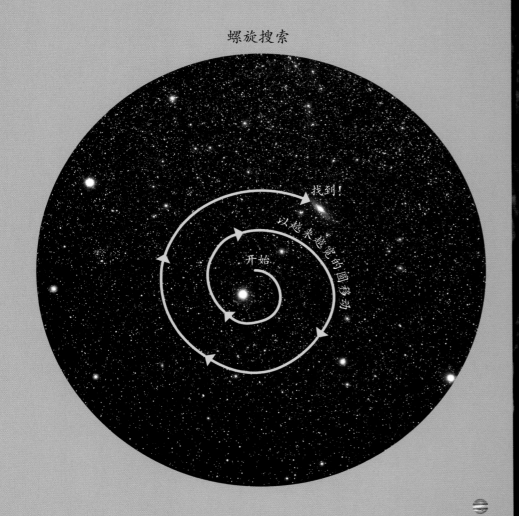

找到！

以越来越宽的圆移动

开始

2

月 亮

月亮是地球上看到的第二明亮的天体。

（最亮的当然是太阳！）

形态多变

月亮被我们所熟知的特征是每天晚上都会变化形状。月亮的不同形状叫作月相。

月亮经过所有的相位大约需要一个月的时间。

月相是怎么回事?

月亮并不是真的改变了形状，它一直都是球形的。我们看到的月亮是反射太阳光的那部分。随着月亮绕着地球转动，被太阳照亮的部分也在变化，因此我们在地球上才会看到月亮的不同形状。

如果月亮上面存在人类，他们也能看到地球经过不同的相位。地球的相位和月亮的相位相反。在月亮上看地球，是地球上看到月亮大小的4倍。

太阳、月球、地球之间的光照关系

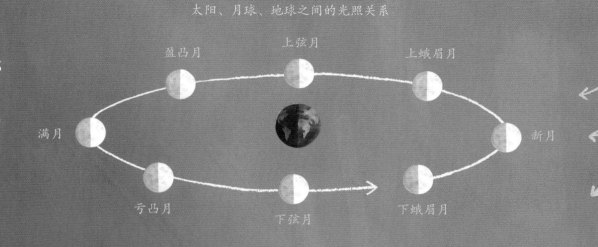

盈凸月　上弦月　上蛾眉月

满月　新月

亏凸月　下弦月　下蛾眉月

在地球北半球看到的月相

新月　上蛾眉月　上弦月　盈凸月　满月　亏凸月　下弦月　下蛾眉月　晦

南半球的人们看到的月相与北半球的人们看到的是相反的。

这是美国"阿波罗计划"著名照片之一（名为"地出"），是 1968 年人类第一次绕月球航行时拍摄的。

制作一本月亮日记 ★

每一天的月亮看起来都有一些不同。在月亮日记里追踪这些变化吧!

月亮日记,除了新月阶段以外,可以从任何时间开始记录。因为我们是看不到新月的。制作月亮日记,你需要记录下面这些内容:

★ 时间和日期

★ 月亮在天空中的位置
(高度和方位)

★ 月亮形状的草图

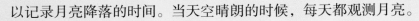

每隔几个小时抬头观察一次月亮。如果条件允许,还可以记录月亮降落的时间。当天空晴朗的时候,每天都观测月亮。

→ 你注意到月亮有哪些特征?

→ 月亮的形状如何改变?

→ 月亮每晚的同一时刻在天空中的位置相同吗?

当月亮处于新月相位阶段,地球将太阳光反射到月亮黑暗面的陨石坑上,因而有时会看到月亮不发光部分的淡淡光芒,这种现象叫作"地球反照"。

月亮档案

与地球的平均距离:384 472 千米

直径:约 3 476 千米,约为地球直径的 1/4

质量:约 7.34×10^{22} 千克

大气层:没有

引力:地球引力的 1/6

表面温度:约 $-248℃ \sim 123℃$

绕地球天数:约 27.32 天

月相周期天数:约 29.53 天

你可能注意到,月相周期比月亮绕地球公转的周期长了一点。那是因为当月亮绕着地球转的同时,地球在绕着太阳转。为了完成月相周期,月亮不得不在它的轨道上多运行 2.2 天。

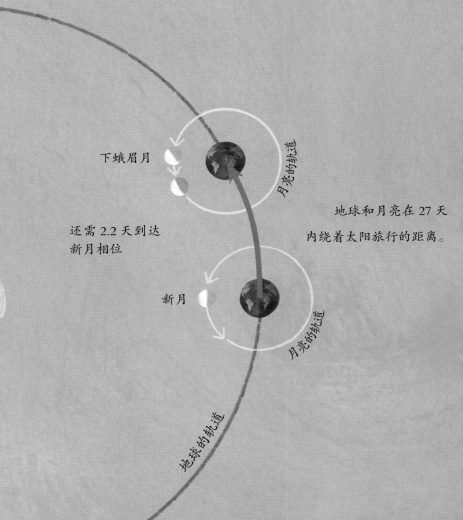

下蛾眉月

月亮的轨道

地球和月亮在 27 天内绕着太阳旅行的距离。

还需 2.2 天到达
新月相位

新月

月亮的轨道

地球的轨道

月升，月落

从北极上空看，月亮自西向东围绕地球逆时针旋转，完成一个月相周期需要约1个月的时间。

满月时，月亮在太阳的正对面，所以月亮在日落时升起，在日出时落下。新月则相反，在日出时升起，日落时落下。

连续观察五天，在日落的时候观察月亮，你会发现月亮在一点点变得圆满。

相位	升起时间	中天时间	下落时间
新月	早上 6:00	正午	下午 6:00
上蛾眉月	上午 9:00	下午 3:00	晚上 9:00
上弦月	正午	下午 6:00	午夜
盈凸月	下午 3:00	晚上 9:00	凌晨 3:00
满月	下午 6:00	午夜	早上 6:00
亏凸月	晚上 9:00	凌晨 3:00	上午 9:00
下弦月	午夜	早上 6:00	正午
下蛾眉月	凌晨 3:00	上午 9:00	下午 3:00

第五天

第四天

第三天

第二天

第一天

太空对话

中天时间：一个天体经过当地子午圈的时间，也是这个天体在天空最高点的时间。

注：此处为南半球观测月相。

月亮错觉

当满月位于地平线上的时候，它看起来比在天空中更大一些。其实不管在哪里看月亮，它的大小都是一样的，不会发生任何改变。用宇宙量角器（见第13页）可以测量月亮在地平线和高空中的大小。来试试看吧！

为什么月亮在地平线上看起来大一点呢？我们还不完全知道。但是一般认为，这是一种光学错觉，是我们的眼睛给大脑表演的一个恶作剧。这里有两种可能的科学解释。

1. 我们抬头看到的天空不是半球形的，而是有些平坦的。我们看向远处时，大脑受视线调节影响产生一种错觉，认为月亮在地平线上时，看起来更大。

2. 地平线上有参照物。当我们看到月亮在较大物体周围时，比如高楼、树木，这时候的月亮看起来也很大。而当月亮在天顶的时候，没有参照物，所以看起来很小。

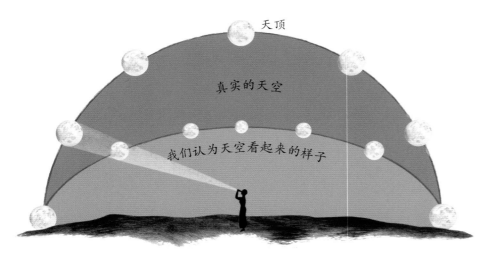

什么是"超级月亮"？

月亮绕地球运转的轨道并不是一个圆形，而是一个椭圆。"超级月亮"是满月或新月最靠近地球时出现的月亮奇观，但是它仅仅比平时的月亮看上去大一点、亮一点，所以要不是新闻广播，我们往往都注意不到。

当月亮转到离地球最远的位置时，叫作微月。

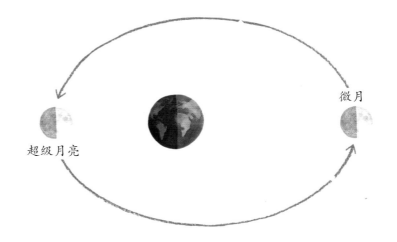

跳一支月亮舞 ★ ★ ★

模仿月亮、地球和太阳在天空中的位置和运行方式，跳一支舞吧！这个要比你想象之中更难一些！你认为哪一个角色最简单？

你需要：✦ 两个舞伴
✦ 开阔的空间
✦ 音响系统

1. 给每个人分配一个角色，分别扮演太阳、月亮和地球。

2. 找准自己的位置：
太阳站在中心位置；
地球站在太阳的一边；
月亮站在地球的旁边。

3. 练习舞步：
太阳在中间，自转；
地球绕着太阳逆时针行走，同时自己也要逆时针旋转；
月亮绕着地球逆时针行走，同时面向地球自己旋转，还要和地球一起绕着太阳转动。

4. 好戏上场——表演月亮舞。还可以播放一些关于月亮的音乐，看能不能绕着太阳跳五个大圆。

5. 交换角色，继续舞蹈！

月亮上的一天大约是地球上的一个月时间。这是月亮在一次日出和下一次日出之间自转或者使自己转一圈所花费的时间。

太阳

地球

月亮

在月球上看

月亮上还有一个值得注意的地方，那就是它表面覆满了大大小小的陨石坑！陨石坑是陨石（来自太空的石头）撞击月球形成的。陨石坑的形状和深浅，取决于这块陨石有多大，飞过来的速度有多快。

还有一些白色的辐射线从陨石坑里射出来，长达几千千米。这些辐射线其实是浅色的岩石组成的，这些岩石是月球被一块非常大的陨石碰撞后喷射产生的。

月海是月球上面圆形平滑、暗色的平原，也就是我们肉眼遥望月亮时，看到的一些暗色斑块。月海在拉丁文中的意思是大海。古代人认为月海是月亮上的海洋。

月海也是在非常大的陨石撞击月球之后形成的。不同的是，这些大的陨石坑慢慢地被熔岩填满了。你可以在第 37 页的月球照片中找一找月海哦！

阿波罗

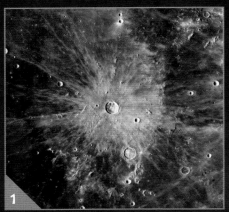

1 开普勒陨石坑，它有明显的辐射线，这些辐射线是陨石撞击月球表面时，撞击点猛喷出的岩屑形成的。

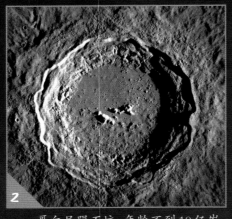

2 哥白尼陨石坑，年龄不到 10 亿岁，有较长又清晰的辐射线，有像台阶一样的侧壁，中心竖立着三座孤立的山峰，所以又叫哥白尼环形山。

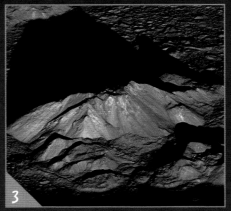

3 第谷环形山，靠近月球的底部，是一个年轻醒目的月球陨石坑，有像亮条纹一样的白色辐射线。中间的山峰群大约 2 000 米高。

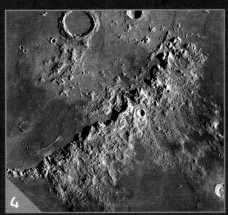

4 亚平宁山脉，是月球上高低不平的山脉群，山峰高度可能达到 5 000 米。

月球远侧

当月球绕着地球公转时，它总有一面是背向地球的，月球背向地球的一侧就是月球远侧。

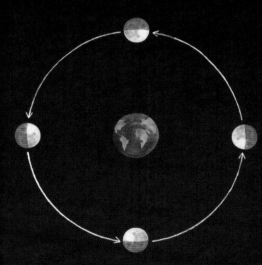

相对于远侧来说，月亮的近侧有更多月海，因为近侧的地壳更薄。科学家们至今没有解开这个谜题。

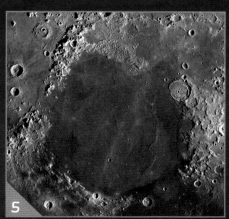

5 澄海，是月球上的一个月海，有许多陨石坑和玄武岩流。

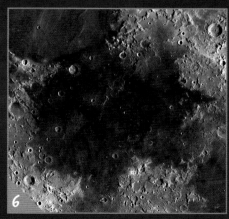

6 静海，又叫"寂静之海"，是月球上的月海之一，它是淡蓝色的，这种色彩可能来源于火山岩中的金属。

月球着陆

第一个到达月亮上的载人航天飞船是美国在 1969 年 7 月发射的阿波罗 11 号。当宇航员阿姆斯特朗的脚踏上月球表面的时候，他说出了这句著名的话：

"这是我个人的一小步，却是人类的一大步！"

月球表面覆盖着风化层，是一层厚达 5~10 米的碎岩层。

追踪太阳 ★

你可以用木棍在地面上投影来追踪天空中的太阳，而不是用眼睛直接观看。在晴朗的天气做这个实验，能够在整个白天观察这个简单的小日晷了。

你需要：

* ✱ 具有开阔的南部视野的地方
* ✱ 一根比较直的木棍
* ✱ 几块鹅卵石或粉笔

1. 在早晨很早的时候，到达你选择的地点，将木棍插到地里，使它保持直立。

2. 太阳出来后，木棍便会有投影。这时，用鹅卵石或者粉笔标记影子的位置和长短。

3. 每隔大约 1 个小时标记一下影子的位置和长短。

木棍的影子会告诉你太阳在天空中位置的变化。当太阳在天空中很高的位置时，影子很短；当太阳在天空中很低的位置时，影子很长。

你可以在一年之中的不同时间尝试这个实验。影子随太阳路径的不同而不同，但是最短的影子总是指向北方。

通过太阳找到北方

在上午 11 点到下午 1 点之间，每隔 10 分钟，标记一次木棍影子的位置和长短。然后找出来最短影子的标记。在这个标记和木棍之间画一条线。这条线指向的就是北方！

在南半球追踪太阳

在南半球，太阳在北部天空达到最高点，木棍最短的影子指向南方。

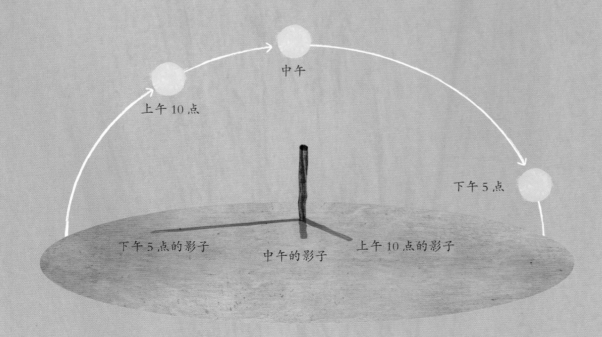

中午

上午 10 点

下午 5 点

下午 5 点的影子　　中午的影子　　上午 10 点的影子

拜访太阳

通过研究太阳，我们能够了解许多恒星的知识，太阳是离地球最近、看起来最亮的恒星。

色球层
太阳的上层大气层。只能在日食期间或者用特殊的望远镜滤片才能看见。

核心
太阳的中心区，也是太阳发射巨大能量的真正源头。

日冕层
太阳大气层最薄、最外的一层。也只能在日食期间或者用特殊望远镜才能看见。

光球层
太阳的大气表面。

日珥
巨大的气体圈。

太阳黑子
光球层中的冷区域。

地球

太阳上的风暴

太阳黑子是经常出现在太阳上的一些暗色的斑点。当强磁场浮现到太阳表面的某一个地方时，强磁场捕获气体，使得该处的温度降低，出现暗点，形成太阳黑子。太阳黑子持续的时间从几天到几个星期不等。

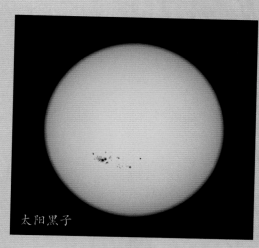

太阳黑子

太阳黑子在太阳表面，随太阳一起旋转，通过观测太阳黑子，天文学家发现太阳的赤道比两极旋转得更快！

什么时候能够看到太阳黑子？

太阳黑子的活动周期是11年。天文学家把太阳黑子最多的年份叫"太阳活动峰年"，把太阳黑子最少的年份叫"太阳活动谷年"。

极光时间

太阳活动峰年也是地球上观看极光的最佳时间，此时的太阳风最强，会携带更多的太阳日冕层中的粒子。它们到达地球时，就会引起强烈的极光。

动力源

太阳是由73%的氢、25%的氦和2%的其他成分组成的。太阳中所有的原子都是离子，每个电子相对于它的原子核都是自由的。

在太阳的核心之中，氢原子核以高速相互猛烈撞击。在一个多步的反应过程中，6个氢原子核聚变到一起，形成1个氦原子核和2个氢原子核，还会产生一些光能和热能。这个过程叫作核聚变。核聚变产生的能量使太阳发光发热。

核聚变

- 质子
- 中子

氢原子核碰撞在一起

氦原子核

产生光和热

不断进行核聚变的氢原子核

热物质

太阳的直径是1 392 000千米。是地球直径的109倍！它的质量约是2.0×10^{30}千克，是地球的33万倍。太阳内部的氢元素燃料，还能够燃烧50亿年。

太阳的核心非常炙热，温度高达1 500万℃。但在太阳的表面，温度仅有6 000℃了。

光球层剧烈活动的强磁场区域叫太阳黑子，太阳黑子的温度相对于太阳来说是比较低的，大约是4 000℃。

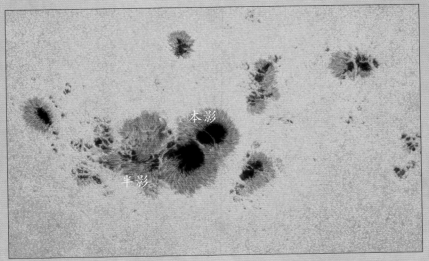

本影

半影

太阳黑子的结构非常复杂，从这张图中可以看到，每一个太阳黑子都是独一无二的。

太阳是如何形成的?

太阳像所有恒星一样，是在几十亿年前的一个气体云（主要是氢分子）中诞生的。这个星云里面都是十分致密的气体团，在强大的引力作用之下，这些气体团坍缩，形成了原恒星。

随着这颗原恒星的质量和密度变大，它开始变热并发出微弱的光。当核心变得足够热，核聚变开始将氢转变成氦。原恒星变成了一颗真正的恒星！

恒星形成后，炙热的核心会不断进行核聚变反应，为恒星提供能量。由氢核聚变提供能量的这个阶段的恒星就叫作主序星。现在的太阳就是一颗主序星。这是恒星一生之中时间最长的一个阶段。

一颗主序星是稳定的。强大的引力从外部向恒星内部挤压，但是内部的核聚变也在向外进行

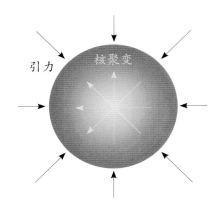

强有力的扩张。

随着原太阳形成旋转的气体云变得平坦，将物质向外抛出到一个环绕着太阳的圆盘里面。那些物质最终变成行星（见第82页）。

地球上的核聚变

科学家们正在努力研究可以控制的核聚变，让核聚变成为未来的一种主要的清洁能源。科学家们利用超级强的磁场来挤压一定质量的氢气，让它们的密度变得和太阳核心的氢气密度一样大。中国新一代的热核聚变装置 EAST，已经在 2010 年首次成功完成了放电实验。这是中国自主设计和建造的核聚变装置。并且，中国还加入了国际热核聚变实验堆（ITER）计划，这个计划的目的就是要为人类输送巨大的清洁能源。

恒星诞生的地方——鹰状星云，著名的恒星形成区之一，被形象地称为"创生之柱"。

星云有不同的形状和大小。这是猎户座星云。

太阳的诞生

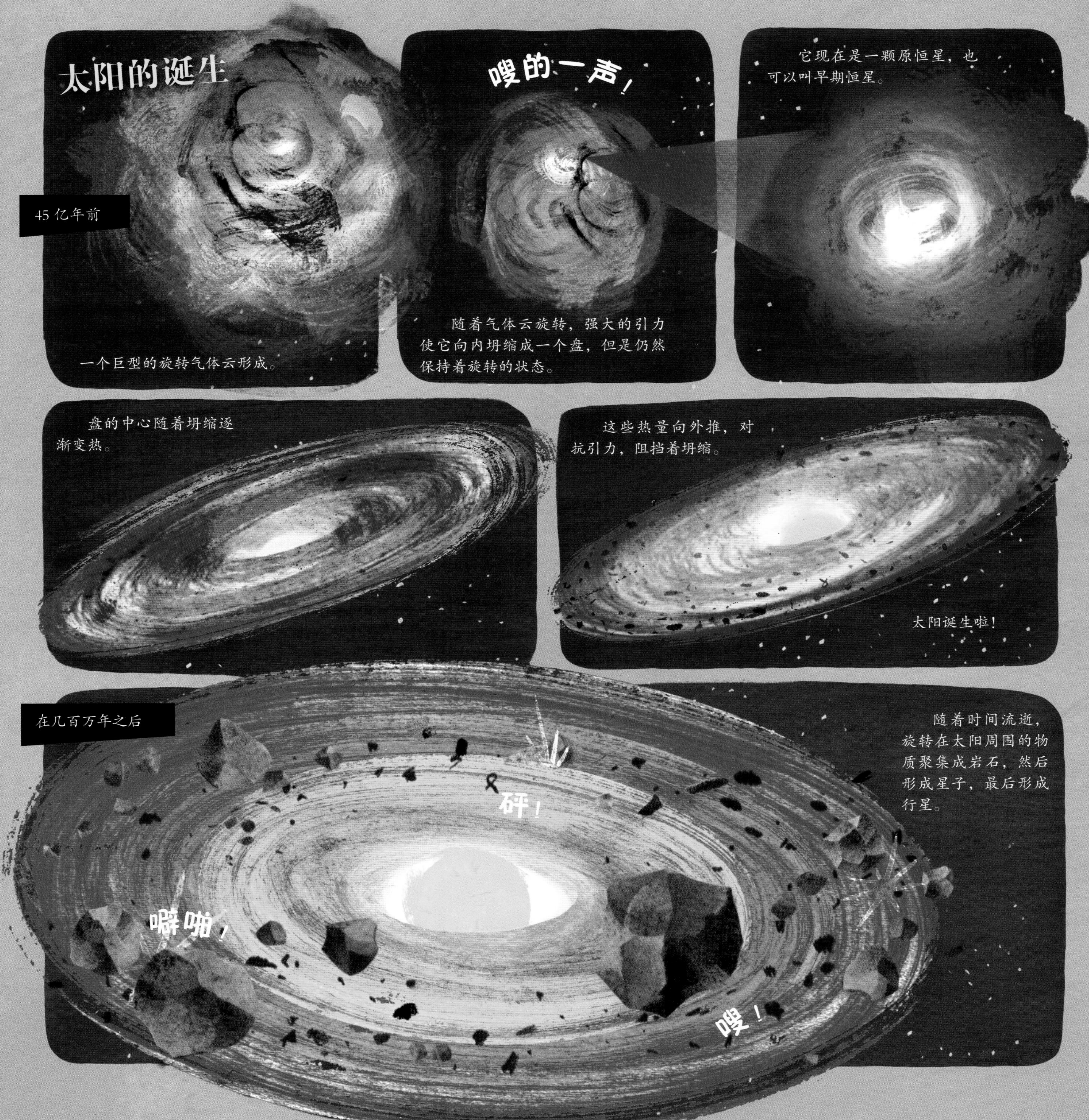

45 亿年前

一个巨型的旋转气体云形成。

嗖的一声！

随着气体云旋转，强大的引力使它向内坍缩成一个盘，但是仍然保持着旋转的状态。

它现在是一颗原恒星，也可以叫早期恒星。

盘的中心随着坍缩逐渐变热。

这些热量向外推，对抗引力，阻挡着坍缩。

太阳诞生啦！

在几百万年之后

随着时间流逝，旋转在太阳周围的物质聚集成岩石，然后形成星子，最后形成行星。

砰！

噼啪！

嗖！

日 食

当月亮运行到太阳和地球之间时，会挡住太阳射向地球的光，这时就发生了日食现象。

在日食期间，月亮的影子落到地球上。影子的黑暗部分叫作本影，黑暗和光明之间柔和模糊的部分叫作半影。本影区域的人们会看到完整的日全食，半影区域的人们看到的是日偏食。而在月亮影子轨迹之外的人们，就看不到日食了。

日全食大约一年半发生一次哦！

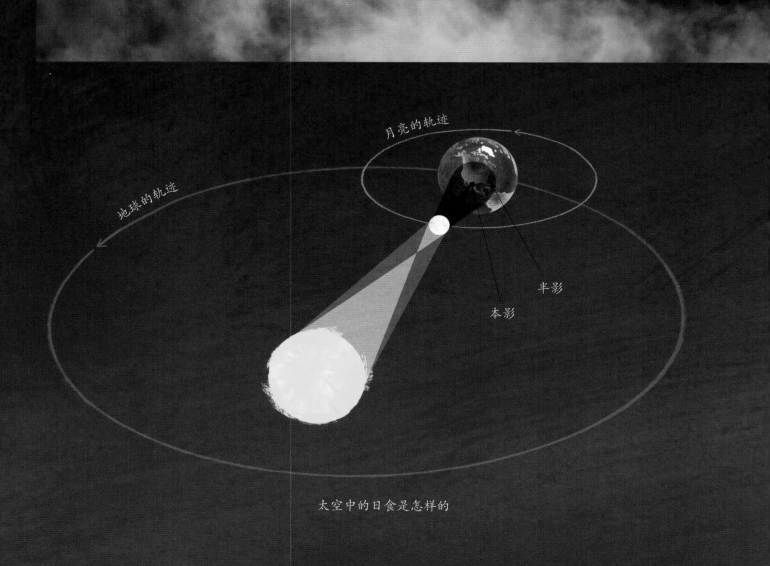

太空中的日食是怎样的

初亏　食既　食甚　生光　复圆

戴上日食眼镜　　戴上日食眼镜

初亏

月亮开始接触太阳的边缘，日食开始。

你能看到什么？

★要戴上日食眼镜观看哦，这时的太阳看起来像被咬掉了一小块。

★月亮慢慢地覆盖太阳，太阳开始变暗。

★你可能还会在日食之前和之后的几分钟看到影带。这些影带是抖动的亮暗条纹，它们是由微弱的日光经过地球抖动的大气层引起的。影带在白色的背景上最容易被看到。

★如果你的地平线视野足够清晰，你还会看到月亮的影子匆忙穿过地球。

食既

这是日全食的开始。此时月亮完全遮住了太阳。如果你感觉戴着日食眼镜看不清楚，在这个时候可以摘下来。但是必须做好随时戴上的准备。

你能看到什么？

★贝利珠和钻石环：在月亮遮

贝利珠

钻石环

幽灵般日冕

住太阳最后一部分的时刻，太阳最后一点光亮在月亮边缘照射出来的一串貌似珠子的光斑，叫"贝利珠"。而较大的贝利珠像一颗钻石，闪现出耀眼的光芒，镶嵌在日食边缘，人们叫它"钻石环"。

★幽灵般日冕：月亮完全遮住太阳时，太阳外围会发出银白色的光芒，每次日食看起来都不一样。

★太阳的色球层：此时会变为绕着月亮的暗弱红环。

★日珥：你还会看到贴附在月亮边缘的玫红色"耳环"，形状千姿百态，叫作"日珥"。

★黑暗天空中亮着的恒星和行星。

★奇怪的动物行为：日食发生时，动物们会突然不适应，从而出现一些反常的举动。

生光

日全食的结束。赶快把日食眼镜戴起来保护好眼睛！

你能看到什么？

★太阳的边缘又开始出现。黑暗的太阳突然又变亮了！

★贝利珠和钻石环又出现了，这次在太阳的另一个边缘上。

复圆

日食全部结束。

你能看到什么？

★太阳又和以前一模一样了。

★动物们也都恢复了正常。

日食和月食有什么不同之处？

日食是在新月期间发生的，但和月食一样，并不会每个月都发生。日月食一般间隔两周左右发生。

影子游戏

在日食期间月亮投到地球上的阴影要远小于在月食期间地球投到月亮上的阴影。在月食期间，整个月亮都处在阴影之中。地球上所有能看到月亮的人都能看到月食，月食的时间能持续 1 个小时以上。

在日食期间，地球只有一小部分位于阴影之中。地球上只有处在这个影子运行轨迹之中的人们能够看到日全食。并且由于影子移动得非常快，日全食往往只有几分钟的时间。

气象卫星捕捉到的 2017 年 8 月的一次日全食期间月亮本影和半影的图像。

为什么我们不能直接看太阳？

裸眼看太阳是一件十分危险的事情，因为眼睛中的视网膜没有可以感觉疼痛的神经，这样就会让眼睛在不知不觉中受到损伤。在任何时候，直视太阳光线对眼睛都是有损害的。绝对不要直视太阳，无论是否有日食。

安全观看日食

安全观看日食的办法是佩戴日食眼镜。这种眼镜带有特殊的过滤器，能够有效遮挡太阳光线。戴上日食眼镜后，除了太阳，其他什么都看不见了。

使用日食眼镜前，一定要检查它的质量。把眼镜举起来对准一个明亮的光源，如果镜片上有划痕或者小洞，那么这个眼镜就不能用了。

日食，只有地球上小部分地区可以看到。月食，则在地球上的大部分地区都能看到。

月亮有时候离我们近，有时候离我们远。离我们远的时候，它就不能完全地遮挡住太阳，这个时候我们看到的就是日环食了。

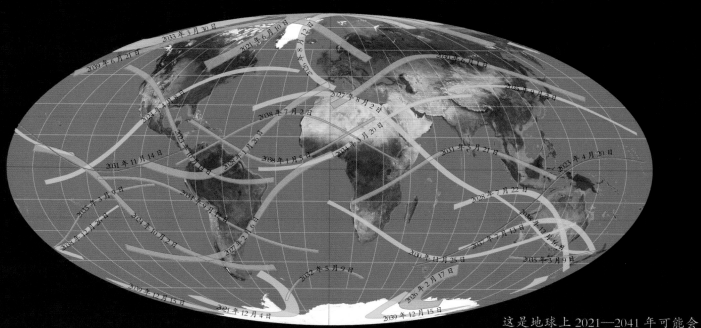

这是地球上 2021—2041 年可能会发生日食的地方。黄色标记是能够看到日全食的地方，橘黄色标记是能够看到日环食的地方，粉色标记是能看到一部分日全食，能看到一部分日环食的地方。

观看日食需要带些什么？

由于日食很稀有，所以观看日食很让人兴奋。如果这是你第一次观看日食，不用带太多酷炫的装备，因为你要把精力都用在观看日食的过程上，而不是只顾着拍照和摄像。

必备物品

★ 日食眼镜

其他东西

★ 针孔投影仪

★ 一块白色的背景板，也可以用白色床单代替，用来看影带的。

★ 食物和水

★ 防晒霜和帽子

★ 表或者手机

★ 日食变化时间表

★ 天文笔记本和铅笔

★ 照相机

★ 具有太阳滤片的双筒望远镜

制作一个针孔投影仪 ★ ★

还有一种观测日食的方法是用针孔投影仪对日食成图。

你需要：

✱ 剪刀

✱ 白纸片

✱ 胶带

✱ 带盖子的鞋盒

✱ 铝箔纸

✱ 大头针或者图钉 1. 用白纸剪出一个矩形，将它贴在鞋盒一端的里面。

2. 在鞋盒的另一端，剪出一个四边都是 2.5 厘米长的小正方形。

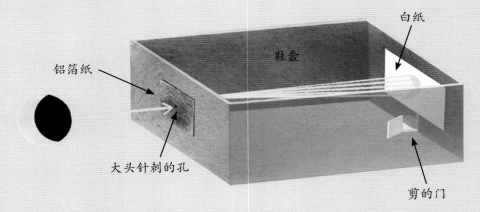

3. 再剪一块四边都是 5 厘米长的箔片。用大头针在箔片的中心刺一个小孔。

4. 将箔片粘在刚才剪的盒子的正方形洞上。

5. 在盒子旁边剪一个门，以便你能够看到白色的纸屏。

6. 将鞋盒的盖子盖上。

使用投影仪时，你要背对太阳站立，将盒子放在你的肩膀上，让小洞对向太阳。千万不要通过小洞直视太阳！你要通过小门看盒子的里面。转动盒子，直到你能够在白纸屏幕上看到太阳的图像。

你可以用任何盒子制作这个投影仪。盒子越长，太阳的图像会越大。一定要保证盒子是完好的，里面完全黑暗。这样做出的针孔投影仪不仅可以观看日食，甚至可以看到非常大的太阳黑子。如果太阳的图像很小，一些细节就看不清楚了。

当你坐在树荫下面的时候，有没有注意到，在叶子阴影之间的地面上有很多阳光小圆圈？在日食期间，这些小圆圈会变成弯弯的形状，像眉毛一样！

一个简单的小洞投影仪

一个更简单的小洞投影仪用两个纸盘就能做出来。在一个纸盘上刺一个小洞，然后放在另一个纸盘上面。小洞将在下面的纸盘上呈现出太阳的图像。

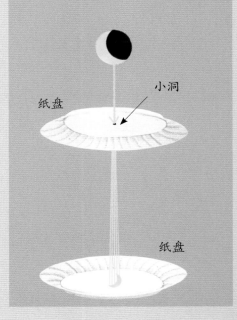

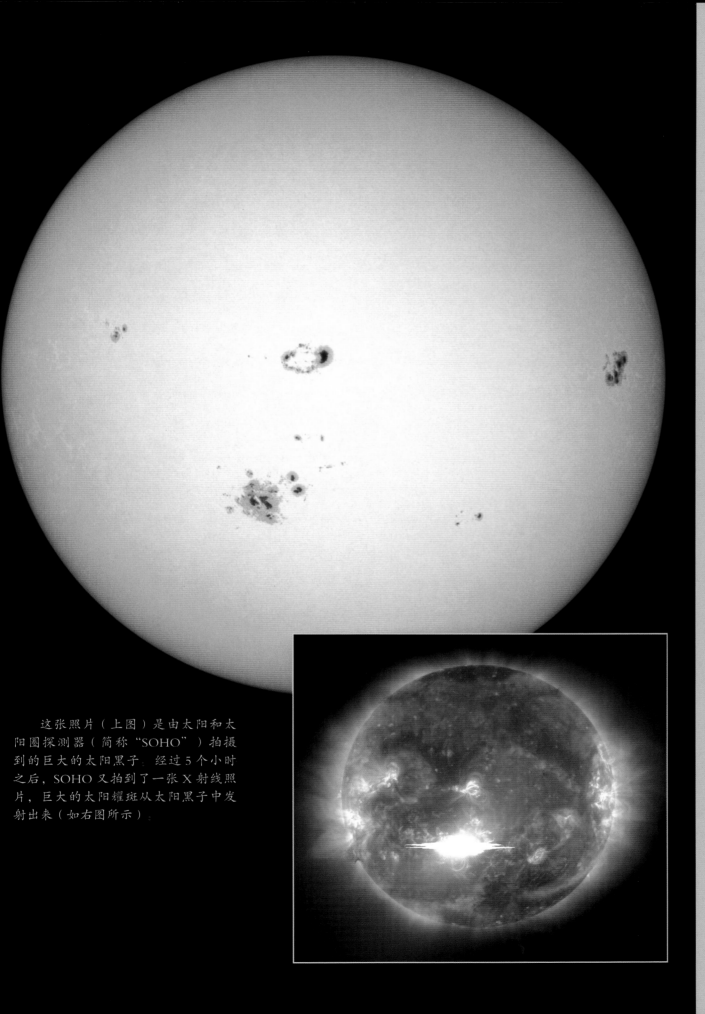

这张照片（上图）是由太阳和太阳圈探测器（简称"SOHO"）拍摄到的巨大的太阳黑子。经过5个小时之后，SOHO又拍到了一张X射线照片，巨大的太阳耀斑从太阳黑子中发射出来（如右图所示）。

更近地看

太 阳

双筒望远镜会比眼睛聚焦更多的光，所以用双筒望远镜直接看太阳比用裸眼看太阳还要危险得多。

我们可以在双筒望远镜上加上太阳滤片。太阳滤片应放在物镜而不是目镜上，否则，太阳光还是会损伤望远镜和眼睛。在使用太阳滤片之前，仍然要检查有没有划痕和小洞。

还要保证太阳滤片适合双筒望远镜镜头的大小，而且一定要准备两个！

带有太阳滤片的双筒望远镜，就可以用来观看太阳黑子了。在观看前，需要了解太阳黑子发生的一些信息。每隔几天，在你的天文笔记本上画一张太阳的草图，观察并分析太阳黑子的变化情况。

4

行　星

地球是太阳系的一部分。

太阳系包括太阳、行星和它们的

卫星、矮行星、小行星、彗星和气体尘埃。

太阳是太阳系的中心，

以极强的引力让太阳系中的天体都运行在固定的轨道上。

目前所知，许多像太阳一样的恒星都有行星，

但只有一颗行星上孕育着生命，

那就是我们人类共同的家园——地球。

地球的兄弟姐妹

太阳系中行星都是通过反射太阳的光来发光的。行星自身不会发光，而恒星通常能用自身的能量发光。我们在地球上，能用肉眼直接看到的太阳系中的行星有水星、金星、火星、木星和土星。

我们能看到太阳系中的行星每天都会升起和落下。这是因为它们和地球一样，都绕着太阳旋转。

而行星每一天升起和落下的时间也是不同的。它们都有自己固定的运行轨道和运行方式。

昴宿星团

木星

金星

毕宿五

右图中，点点星光闪烁着的星团是昴宿星团。这张图是在南半球拍摄的，与北半球人们看到的昴宿星团是上下相反的。

太阳系里面是一个广阔的空间。太阳射出的光到达地球要用8分钟，到达木星要用42分钟，到达冥王星要用7个小时，到达最远的彗星则需要花多于1年的时间。

恒星还是行星？

从地球上看，发光的恒星和行星是非常相似的。那么，如何区分恒星和行星呢？

它们在哪里？

恒星在天空之中到处都有。它们每天自东向西运行，但是运行轨迹多种多样。

而行星仅位于黄道之上。从地球上看，太阳一年之中"走"过的路线叫黄道，太阳系中的行星绕太阳公转的轨道都十分接近黄道。月亮绕地球运行的轨道也很接近黄道。

月亮，太阳和你

用一个简单的方法可以让黄道更加具体。来到室外找出三个天体。月亮是第一个，太阳是第二个，站在地球上的你自己是第三个天体。

现在想象，地球、月亮和太阳都在一个相同的平面上，像盘子里的弹珠。所有的行星也都在这个盘子之上。而黄道就是这个盘子的边缘线，连接起所有的弹珠。

如果你在北半球，那么你看到的行星都是在天空的南半部穿行。在南半球，则是相反的。

它有多亮？

在夜间，行星是天空中最亮的几个天体。

这是一个简单的寻找黄道的方法。太阳、月亮和你都在一个相同的平面上，像是一个平滑的盘子连接着整个太阳系。

火星

木星

月亮

土星

金星

水星

行星有颜色吗?

火星是红色的，土星是淡黄色的。其他的行星都是白色的！

恒星和行星闪烁吗?

我们看到恒星闪烁是因为它们自身的光透过大气层射向我们，地球大气层会让恒星的光发生折射。所以我们夜晚看到的恒星都是一闪一闪的，而且我们看到的恒星位置也是偏离它的实际位置的。

恒星距离我们非常遥远，所以它们都是特别小的光点。而行星相对来说距离我们较近，所以看起来，行星比恒星要大一些。当行星反射恒星的光射向地球时，也会被大气层折射，但是由于距离较近，大部分光穿过大气层到达我们的眼睛，因此我们并不会看到它们闪烁。而当行星在地平线附近时，穿过的大气层加厚，折射程度加深，此时的行星看起来就是闪烁的。

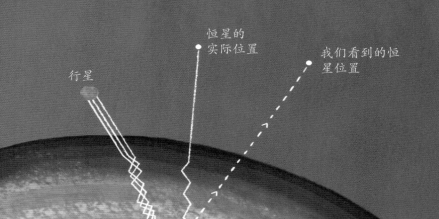

恒星的实际位置

我们看到的恒星位置

行星

大气

行星 63

木星•

内行星与外行星

运行轨道在地球轨道以内的行星叫内行星，有金星和水星。一般只有在太阳升起和落下的时候，我们才能看见它们。

金星和水星在运行过程中，有时会经过太阳与地球中间，这个时候，地球上的人们可能会看到太阳上面有个小黑点缓缓移过，这就是凌日现象。凌日不会像日食那样，把太阳全部遮住，也不会发生很多次。水星凌日平均每100年才发生13次！

太阳系中比地球离太阳更远的行星有火星、木星、土星、天王星和海王星，它们叫外行星。这些外行星能够在天空中位于黄道上的任意地方出现。

火星

金星

水星

太空旅程

大距。这是从地球上看，内行星离太阳最远的一点。这个时候它们看起来最亮，最容易被找到。

冲日。指的是外行星运行到与太阳和地球一条直线的位置上，因地球位于外行星和太阳的中间，这也是从地球上看这颗外行星最亮的时刻，并且外行星整晚都在天空中，从日落到日出。

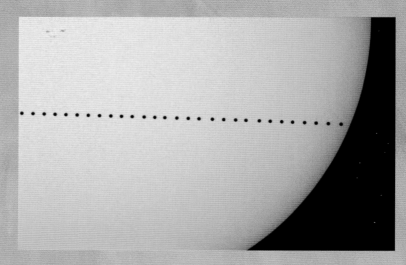

凌日。水星或者金星穿越太阳表面的旅程。

合。是太阳系中的两个天体在天空中移动到彼此相近的时候。虽然此时它们看起来像是在同一个位置上，但其实它们仍然距离彼此很远。

天空流浪者

在很久以前，人们认为行星是流浪在各个星座之间的一种天体，所以叫它"天空流浪者"。当时人们认为行星包括水星、金星、火星、木星、土星、太阳和月亮。

并且，那时候人们认为地球并不是行星，而是宇宙的中心。

以太阳为中心

后来，人们渐渐地知道了地球并不是宇宙的中心，而且太阳系中的行星都是围绕太阳旋转的，所以称行星为"围绕太阳做轨道运动的天体"。其中也包括地球在内。

在发明出了天文望远镜之后，天文学家在1781年发现了天王星，又在1801年发现了谷神星，紧接着还有智神星、婚神星和灶神星。1807年，天文学家已经数出了11颗行星！

太多的行星

谷神星、智神星、婚神星和灶神星在火星和木星之间绕着太阳旋转，它们的轨道相互穿插。在这之后，天文学家还在不断地发现着新的天体。

到19世纪50年代，非常确定的是谷神星这一类的天体是太阳系中的一种新型天体，被命名为小行星。行星数目从45下降到可控的7。

海王星、冥王星和它们的小伙伴

在1846年，天文学家们发现了太阳系中的第八颗行星——海王星。在1930年，又发现了冥王星的存在。在很长一段时间内，冥王星是仅有的新行星，直到1992年开始，更多的天体在海王星轨道之外被发现。

在2005年，一个质量与冥王星相当的新天体被发现，天文学家叫它阋神星。从此，确认冥王星仅仅是太阳系中另一群天体中最亮的成员。因此，阋神星和冥王星一起，被称为外海王星天体。

在现存的天文学中，作为太阳系的行星要满足三个条件：一是必须围绕太阳旋转；二是自身引力足够大，可以维持圆球形状；三是能够清除轨道附近的其他物体。而像冥王星、阋神星和谷神星等都只满足了前两个条件，在它们的轨道上还有其他天体，所以它们被称为矮行星。其他的矮行星还有妊神星和鸟神星（都属于外海王星天体）。天文学家们也期待着有更多的矮行星可以被发现。

这幅天文图是欧洲人在1660年绘制的，在这幅图中，地球是宇宙的中心，太阳、月亮以及行星在绕着地球做圆周运动。但当时的一些科学家，如哥白尼、开普勒、伽利略等，认为是地球和行星绕着太阳转。但是这一想法并不能被当时的人们所接受。

又发现了一颗新行星，我要给它取个什么名字呢？

1608年，一位荷兰的眼镜店学徒偶然发现了两块透镜叠在一起可以看到远处的东西。1609年，意大利科学家利用这个原理，制造出了第一台天文望远镜。

漫步太阳系

太阳系并不是一堆环绕太阳做运动的杂乱无章的天体。太阳系的组成和构造向我们诉说着它的形成历史。

奥尔特云包围着太阳系，是由冰星子组成，像是一个巨大的泡泡，是太阳和行星形成时留下的残骸。

柯伊伯带在海王星轨道的外侧、黄道面附近，是太阳周围一个天体密集的盘形区域。冥王星就在这里面。

太阳

天文学家们认为，在这些神秘的区域中，存在着很多的彗星。

外太阳系比内太阳系的空间更大，其中包括木星、土星、天王星、海王星等。

土星

太阳

天王星

木星

海王星

内太阳系是指太阳和小行星带之间的区域，包括太阳、水星、金星、地球、火星和它们的卫星等。

水星

金星

火星

地球

太阳

小行星带

水星　金星　地球　火星　木星　土星　天王星　海王星　小行星带　柯伊伯带

类地行星

　　水星、金星、地球和火星叫作类地行星。大多数有大气层，离太阳较近，只有很少卫星或者没有卫星。

　　"类地"就是"和地球类似"。都由金属内核和岩石地壳组成。与地球尺寸相当或者比地球更小。

太空对话

AU（天文单位）：用来测量距离的单位。1个天文单位等于太阳到地球的距离，也就是 1.5 亿千米。

类木行星

　　木星、土星、天王星和海王星是类木行星。它们都距离太阳很远。

　　"类木"就是"和木星类似"。类木行星普遍体积和质量都很大，并且没有适合登陆的坚硬表面。因为它们是由气体组成的。

　　类木行星大多周围都有星环和自己的卫星。

太阳系中的小型天体

　　太阳系中还有许多小型的天体，它们都在围绕太阳做轨道运动。主要在以下三个区域中。

　　小行星带位于火星和木星的轨道之间。其中包含很多小行星和大的岩石块，都绕着太阳转动。

　　柯伊伯带是海王星轨道外侧一圈圆盘状区域，包含很多由冰和岩石组成的天体。

小行星神庙星

小行星大多是引力较弱的石块集合在一起形成的，很像一个"碎石堆"。

　　奥尔特云是包围着太阳系的一个球体云团，包含着很多"冰"物质。

　　流星体是在小行星带、柯伊伯带和奥尔特云之外发现的石块和冰块。这些流星体时常会被行星或者卫星的引力吸入。

　　我们有时会在夜空中看到流星。其实我们看到的流星形态是流星体进入地球的大气层摩擦燃烧形成的。没有燃烧完全而掉落在地面上的就叫陨石。

制作一个比例模型 ★ ★

与行星大小相比，太阳系中行星间的距离是巨大的，要在一张纸上完整地按比例画出它们是不可能的。但是，我们可以制作一个比例模型，用参照物来还原太阳系中各行星的位置。

1. 从太阳开始，把直径缩小到真实直径的 100 亿分之一，那就只有 15 厘米长，大概是一个西柚那么大。用表格整理出每颗行星有多大，与模型太阳距离多远。

2. 然后寻找相同尺寸的物体代表每一颗行星。

3. 需要到户外才有足够的空间来建立太阳系模型。可以邀请小伙伴一同来参加，各拿一个"行星"，在场地散开。

如果是在足球场上，这个太阳系将只能达到木星那么远。

这个尺寸的比例模型中，离"太阳系"最近的恒星（半人马座比邻星）将是另一个西柚，处在大约 3 000 千米的地方。你要知道，太空可是一个非常空旷的地方！

天 体	直 径（毫米）	参 照 物	与太阳的距离（米）
太阳	150.0	西柚	
水星	0.5	盐粒	6.2
金星	1.3	芝麻籽	11.6
地球	1.4	芝麻籽	16.0
火星	0.7	小米粒	24.4
木星	15.3	小的红提葡萄	83.4
土星	12.9	蓝莓	152.9
天王星	5.5	胡椒	307.6
海王星	5.3	胡椒	481.9
冥王星	0.3	盐粒	632.8

华盛顿纪念碑　　冥王星　海王星　天王星　土星　木星　小行星带和彗星　火星　地球　金星　水星　太阳　　美国国会大厦

上图是以美国华盛顿为例的太阳系模型

遇见一颗行星

水　星

与太阳的平均距离：0.39 AU

直径：4 880 千米

组成成分：岩石和金属

大气层：无

卫星：无

星环：无

表面温度：190℃ ~430℃

1 天 =58.6 地球天

1 年 =88 地球天

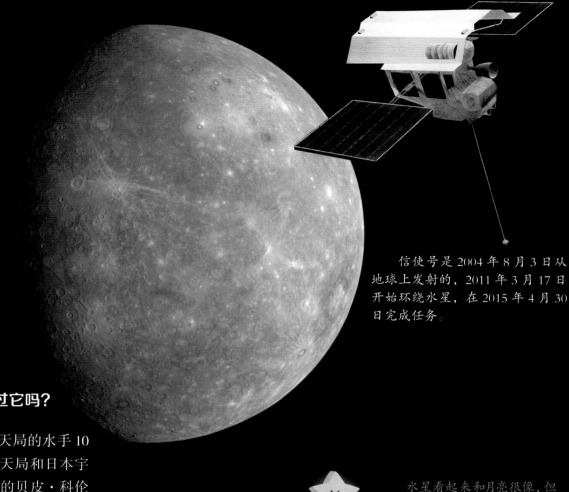

信使号是 2004 年 8 月 3 日从地球上发射的，2011 年 3 月 17 日开始环绕水星，在 2015 年 4 月 30 日完成任务。

水星上是什么样子的？

没有大气，有许多陨石坑。夜间极冷，白天很长，也很热。

有空间飞行器探测过它吗？

美国国家航空航天局的水手 10 号和信使号；欧洲航天局和日本宇宙航空研究开发机构的贝皮·科伦布号。

水星看起来和月亮很像，但是它稍微大一点，质量更重。

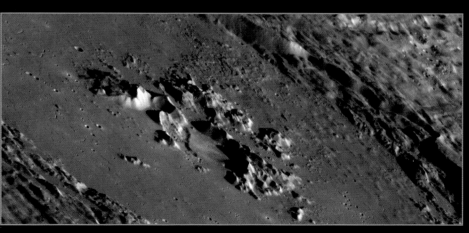

水星满是陨石坑。这是阿贝丁陨石坑，它是一次大质量流星体撞击后留下的岩屑。在撞击时岩石发生熔化，喷溅物在陨石坑的中心凝固，形成杂乱的样子。

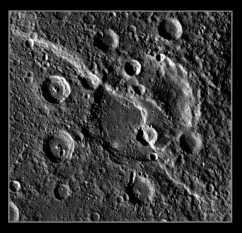

陡坡是水星内部冷却和收缩使水星壳层形成褶皱

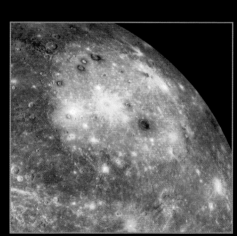

这张照片中不同的颜色代表着不同类型的岩石。棕褐色的是火山岩

遇见一颗行星

金　星

与太阳的平均距离：0.72 AU

直径：12 104 千米

组成成分：岩石和金属

大气层：二氧化碳和氮气

卫星：无

星环：无

表面温度：恒温 460℃

1 天 =243 地球天

1 年 =225 地球天

金星上是什么样子的？

有密集的云层，有硫酸雨，还有厚重的大气层，厚重到随时可以压扁一个人。金星并不适合生物生存，并且没有水。

有空间飞行器探测过它吗？

非常多。金星 4 号、7 号、9 号、10 号、13 号探测器，水手号 2 号、5 号和 10 号，先驱者金星号 1 号和 2 号，麦哲伦号、金星快车探测器，都曾拜访过它。

金星上的特征大多是以女神的名字或者女性的名字来命名的，比如这个陨石坑，就叫艾米莉·狄金森，这是一位女诗人的名字

隐藏在这些厚重云层下面的金星是什么样子的呢？

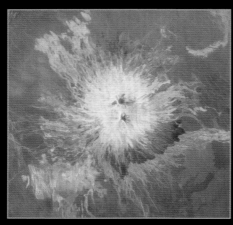

火山

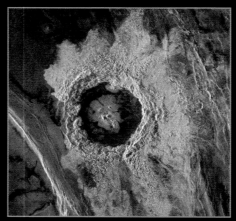

陨石坑

岩石表面

遇见一颗行星

地　球

与太阳的平均距离：1 AU 或者 1.5 亿千米

直径：12 756 千米

组成成分：岩石和金属

大气层：氮气、氧气和二氧化碳

卫星：1 个

星环：无

表面温度：−88℃ ~58℃

1 天 =24 地球小时

1 年 =365.25 地球天

地球上是什么样子的？

舒适的温度和适合呼吸的大气，让地球成为太阳系中的花园行星。它的表面有液态水，到处都孕育着生命。

有空间飞行器探测过它吗？

许多空间飞行器都绕着地球做轨道运动，对着它拍照。甚至有人类长期居住在轨道飞行器的里面！

地球有合适的温度，可以让水完

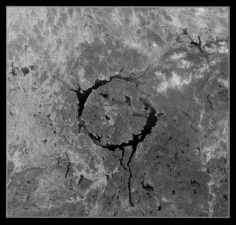

地球上的大部分陨石坑已经被极

在太阳系中，地球与其他卫星的

40 亿年前，地球上的生命就开始

遇见一颗行星

火 星

与太阳的平均距离：1.5 AU

直径：6 779 千米

组成成分：大部分是岩石

大气层：二氧化碳、氮气和氩气

卫星：2 个

星环：无

表面温度：−90℃ ~60℃

1 天 =24.6 地球小时

1 年 =687 地球天

洞察号火星无人探测器在 2018 年 5 月 5 日从地球上发射，2018 年 11 月 26 日降落在火星上，它要探测火星"内心深处"的奥秘。

火星上是什么样子的？

大气层非常薄，所以比地球更冷，引力也很小。土壤和岩石呈微红色的，是因为土壤中含有铁元素。

有空间飞行器探测过它吗？

非常多，有几十个。包括在行星上行走的巡视器。

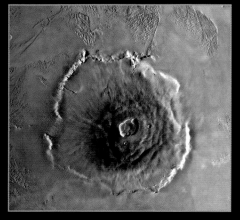

奥林匹斯山是火星表面最高的火山，也是目前已知太阳系中最高的火山。

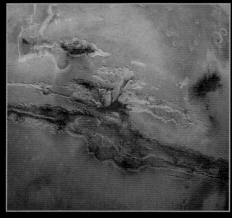

火星上的水手号峡谷是太阳系中最大的峡谷。

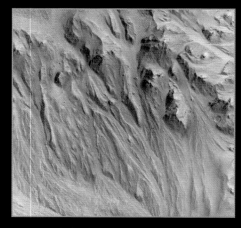

火星中的大部分水都在极地冰盖下冻着。但是目前已经发现了火星上可能存在液态水的证据。

火星的两颗卫星，火卫二（左）和火卫一（右），它们可能是游荡到离火星很近的地方，然后被火星的引力拉入到自己轨道中的小行星。

太空漫步

相对于地面上的望远镜来说，直接环绕在地球轨道周围的"望远镜"能够更清楚地观测到太空中的天体。因为没有了地球大气层的阻挡。

空间探测器，它的旅程是进入太空的更深处，任务是把别的天体看得更清楚。空间探测器的使命是搜集太空信息，将信息传回地球。

轨道器只环绕某一颗行星、卫星或者小行星飞行，拍下它的照片。

着陆器着陆到行星、卫星或者小行星的表面，近距离拍摄这颗天体的照片，探测它的岩石、土壤和大气。

巡视器是着陆器的一种，能够在行星表面行驶，探索地面。

取样返回任务是宇宙飞船拜访太阳系中的天体，收集岩石样本，然后将岩石带回到地球供地质学家们进行研究的活动。

星际飞船是离开太阳系，探索更为广阔的宇宙空间的探测器。

好奇号火星探测器在 2011 年 11 月 26 日从地球上发射，2012 年 8 月 6 日在火星上着陆，开始在火星上漫步。

火星上的自拍：好奇号探测器在 2018 年 1 月 23 日拍下了这张"自拍照"。这是由它的机械手携带的照相机拍摄的 16 张图片编译而成。

遇见一颗行星

木 星

与太阳的平均距离：5.2 AU

直径：139 822 千米

组成成分：氢气和氦气

大气层：氢气和氦气

卫星：科学家们目前已经数到 79 个

星环：非常薄

表面温度：-150℃

1 天 =10 地球小时

1 年 =11.8 地球年

木星上是什么样子的？

木星没有一个可以站立住的固体表面，因为它是由气体组成的，还覆盖着厚厚的云。

朱诺号探测器在 2011 年 8 月 5 日从地球上发射，2016 年 7 月 4 日进入木星轨道，据 NASA 方面最新消息，朱诺号有望一直运行到 2025 年 9 月。

有空间飞行器探测过它吗？

先驱者 10 号和 11 号探测器，旅行者 1 号、2 号探测器和朱诺号探测器。卡西尼号探测器和新视野号探测器是在去土星和冥王星的路上，从木星路过。

大红斑是木星上已经存在了至少 350 年的巨大风暴。

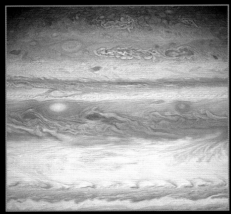

木星上的条纹是氨气云（白色）和硫氢化氨云（红色）。

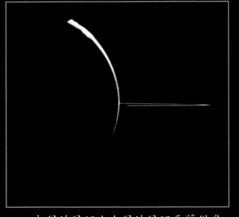

木星的星环比土星的星环要薄很多。

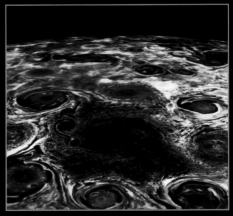

木星的北极是一个气旋，被八个其他气旋环绕。木星的南极和北极相似，但是总共只有六个气旋围绕。

伽利略卫星

木星的四颗最大的卫星，是伽利略在1609年发现的。距离木星最近的是木卫一，然后依次是木卫二，木卫三和木卫四。这四颗卫星都被木星潮汐锁定，即它们总是向木星展示它们的相同一侧。

木星的其他卫星是比较小的，它们具有椭圆形的、倾斜的轨道。它们最有可能是木星捕获的小行星和彗星。木星已经保护内太阳系免受许多巨型流星体的撞击！

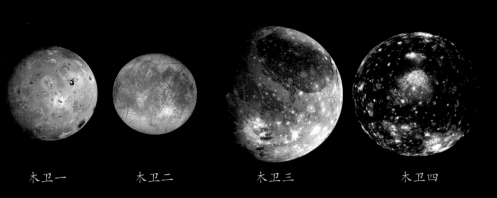

木卫一　　　木卫二　　　木卫三　　　木卫四

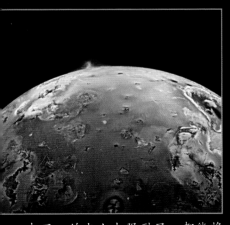

木卫一的火山太强烈了，都能将火山物质喷射到木卫一的轨道之中。

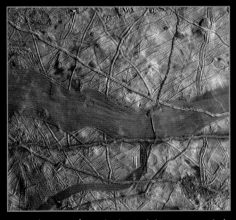

木卫二有一个岩石的核心，一层冰表面和一个可能存在的地下海洋。红色的条纹是裂缝，咸的地下水可能从这里已经渗透到了表面上。

你好，宇宙！

旅行者1号和2号探测器，为探索太阳系做出了巨大的贡献。它们都是在1977年发射的，由此开始了它们盛大的太空旅行。仅仅用了12年，它们就探测过了木星、土星、天王星和海王星，为科学家们提供了很多新的发现。

两个旅行者号探测器现在都已经离开了太阳系，变成了星际探测器。它们都带着一个叫"金唱片"的东西，其实就是一张镀金的铜光盘，里面装的是人类文明的图片和声音文件。如果探测器发现了地外文明，就可以为它们讲述地球上人类文明的故事。光盘的表面还贴心地附上了给非人类科学家们建造留声机的使用说明书。

"金唱片"携带着55种不同语言的问候和全球的音乐，还有世界和人类文化的图片。光盘里有地球噪声，如风暴和火山活动的声音；还有动物的声音，从蟋蟀吟唱到鸟儿鸣叫再到大象的吼声；还有人类的声音，比如笑声、心跳声、唱歌声和演讲的声音。

遇见一颗行星

土 星

与太阳的平均距离：9.5 AU

直径：116 464 千米

组成成分：氢气和氦气

大气层：氢气和氦气

卫星：82 个

星环：个个雄伟壮观

表面温度：–140℃

1 天 =10.7 地球小时

1 年 =29 地球年

土星上是什么样子的？

和木星一样，土星也是由气体组成的，并且覆盖着厚重的云。土星上的风能够达到 1 800 千米 / 小时的速度。

有空间飞行器探测过它吗？

先驱者 11 号探测器，旅行者 1 号和 2 号探测器，还有卡西尼号探测器。

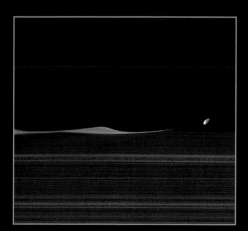

土星的一些卫星被称为"牧羊卫星"，它们保护着土星的光环不会破裂四散，就像牧羊人守护着羊群那般。

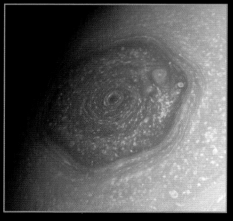

在土星的北极，有一个六边形的旋涡。

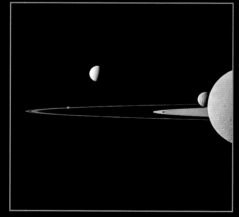

土星的卫星系统是非常拥挤的！这张照片中显示了土星众多卫星中的五颗。

环倾斜：由于地球和土星相对彼此是倾斜的，随着时间的变化，我们看到的土星环的倾斜角度也是不同的。

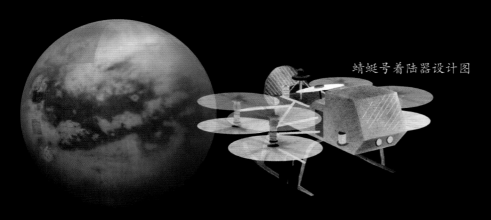
蜻蜓号着陆器设计图

泰坦星（土卫六）

土卫六，是土星卫星中最大的一个，也是太阳系中第二大的卫星，比水星还要大。它有厚重的大气层覆盖在表面。卡西尼号空间探测器将惠更斯号着陆器降落到土卫六上，发现了甲烷或者乙烷（天然气）组成的湖泊、云彩和雨。土卫六有一个岩石核心，还有坚硬的冰层组成的表面，和一个可能由水和氨气组成的咸的地下海洋。

蜻蜓号着陆器预计将在2027年左右登上土卫六。

土卫六：目前土卫六的最佳近照是惠更斯号探测器拍摄的。可以看到橘黄色天空下的冰卵石。

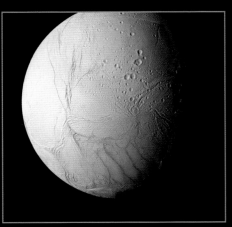

土星的土卫二卫星看起来很像木星的木卫二卫星。科学家们认为土卫二可能有一个地下海洋！

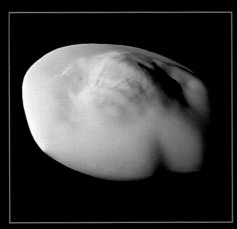

在土星环中做轨道运动的卫星覆盖着尘埃和冰，它们看起来像个馄饨。

设计你自己的太阳系 ✦ ✦

天文学家已经发现几千颗围绕其他恒星做轨道运动的行星，叫作地外行星。这些地外行星与地球和它的邻居比起来，会有很大的不同。

你需要准备：

· 天文笔记本

· 彩色铅笔、记号笔或者蜡笔

1. 从中央恒星开始画，由你来决定将它画成什么颜色。

2. 你将有几颗行星？它们彼此之间有什么不同？注意岩石行星离恒星较近，气体行星则离恒星较远。把它们都画到你的图中吧！

3. 想一下"宜居区域"在哪里。这是你的太阳系中的一个特殊地方，在这里有液体的水，可能有生命的存在。想一想，会有哪些种类的植物和动物？可能会有外星人吗？你可以把它们都画出来。

4. 你的太阳系中还有什么东西？已经游荡到太阳附近的气体行星？彗星和小行星嗖嗖掠过？外星人空间站？

5. 给恒星还有所有的行星及它们的卫星起个名字吧！

→ 外星人长什么样子？

→ 外星人是如何看待我们地球人的？

充分发挥你的想象吧！

遇见一颗行星

天王星

与太阳的平均距离：19 AU

直径：50 724 千米

组成成分：氢气和氦气

大气层：氢气、氦气和甲烷

卫星：27 个

星环：13 个，是继土星环之后，太阳系内的第二大环系统

表面温度：−215℃

1 天 =17.2 地球小时

1 年 =84 地球年

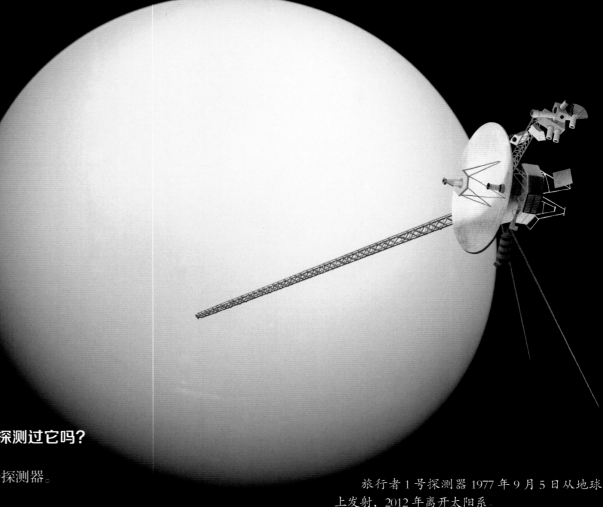

天王星上是什么样子的？

表面像是一个冰海洋。相比于其他行星，天王星是侧躺着的，这让天王星具有极端的季节变化。

有空间飞行器探测过它吗？

旅行者 2 号探测器。

旅行者 1 号探测器 1977 年 9 月 5 日从地球上发射，2012 年离开太阳系。

旅行者 2 号探测器 1977 年 8 月 20 日从地球上发射，2018 年离开太阳系。这两个探测器目前仍然在工作之中。

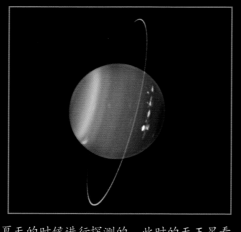

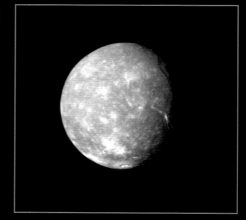

旅行者 2 号探测器是在天王星北半球夏天的时候进行探测的，此时的天王星看起来像是一个光滑的蓝绿色的球面。在天王星秋季的时候，哈勃望远镜拍摄的照片（左，1998 年）和凯克望远镜拍摄的照片（右，2004 年）都显示出了条纹和风暴，还有天王星的星环。

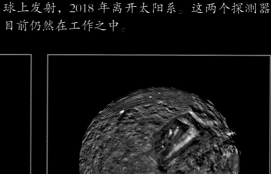

天卫三是天王星最大的卫星。

天王星的卫星天卫五看起来像是一堆巨石集合在一起。

遇见一颗行星

海王星

与太阳的平均距离：30 AU

直径：49 244 千米

组成成分：氢气和氦气

大气层：氢气、氦气和甲烷

卫星：14 个

星环：有

表面温度：–218℃

1 天 =16.1 地球小时

1 年 =165 地球年

海王星上是什么样子的？

像天王星一样，但是更加黑暗。它是黑暗的、冰冷的、多风的，表面由大量的气体组成。

有空间飞行器探测过它吗？

旅行者 2 号探测器。

像其他类木行星一样，海王星也有混浊的条纹。

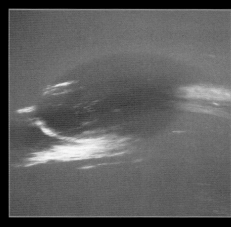

大黑斑是一个和地球大小相近的风暴，是旅行者 2 号在 1989 年观测到的，但是从那之后，它便消失了。

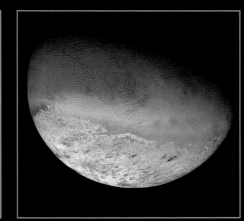

海王星的卫星海卫一是太阳系中的第七大卫星。它很像冥王星，并且沿反方向做轨道运动。它可能本来是一颗外海王星天体，游荡到距离海王星很近的地方，成为海王星的卫星。

当海卫一成为海王星卫星的时候，它可能破坏了整个海王星的卫星系统，仅仅留下了几颗小卫星，如海卫八（左）和海卫七（右）。

遇见一颗矮行星

冥王星

与太阳的平均距离：39.5 AU

直径：2 377 千米

组成成分：冰和岩石

大气层：氮气、甲烷和一氧化碳

卫星：5 个

星环：无

表面温度：−229℃

1 天 =153 地球小时

1 年 =248 地球年

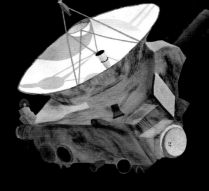

新视野号空间飞行器 2006 年 1 月从地球上发射，2015 年和 2016 年执行冥王星飞近探测任务。目前它正在穿越柯伊伯带及其之外的区域，它的任务仍然在进行之中。

冥王星上是什么样子的？

非常阴冷和黑暗。从这里看太阳像是一颗明亮的恒星（太阳非常非常小）。冥王星最大的卫星是冥卫一。冥卫一和冥王星是潮汐锁定的。

有空间飞行器探测过它吗？

新视野号空间飞行器。

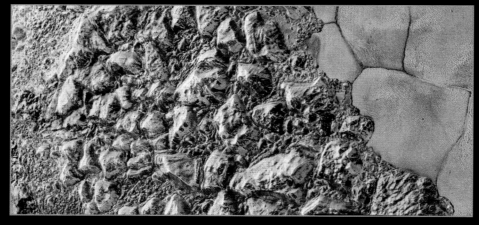

这张近照是新视野号空间飞行器拍摄的。它展示出冥王星表面的陨石坑、山脉和冰川。

当冥王星处于离太阳稍近的位置时，冥王星有大气层。距离太阳远的时候，冥王星的大气和云层会冻结，掉到地面上。

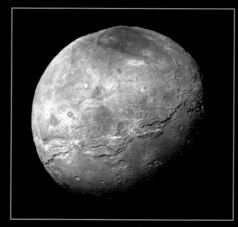

这是冥王星最大的卫星冥卫一。如果没有被冥王星捕获的话，也是一颗矮行星。

遇见其他矮行星

一些位于小行星带和柯伊伯带的天体太大了，引力使它们保持球形。这些都是矮行星。

矮行星	与太阳的平均距离（AU）	1年相当于多少地球年	1日相当于多少地球日	组成成分
谷神星	2.8	4.6	9.0	岩石
妊神星	43.0	281.9	3.9	冰
鸟神星	45.3	305.3	22.5	冰
阋神星	68.0	561.4	25.9	冰

只有谷神星的照片是真实的 目前还没有空间飞行器造访过妊神星、鸟神星和阋神星，这里的图像是对它们样子的最佳猜测

试一试

表演太阳系

多叫一些小伙伴，找到一个开阔的地方，比如学校操场或者大型体育场，就可以一起表演太阳系中天体运动的样子啦！这一定是一个非常有趣的宇宙游戏！

1. 给每一位小伙伴一个名牌或者一张纸，上面写着太阳系某个天体的名字。如果人数够多，还可以加入行星和卫星的名字。

2. 在中心位置放一个标记物，一顶帽子、一个书包都可以，用来充当太阳。

3. 将所有的"行星"按位置排好，所有的"卫星"也要找到自己的"行星"在旁边站好。

4. 准备好后，游戏开始。所有的"卫星"开始围绕自己的"行星"转动。

5. 之后，所有的"行星"开始绕着"太阳"逆时针做圆周运动。

6. 转着转着，可能有的"行星"和"卫星"会迷失方向，看看大家都能保持多长时间。要知道太阳系中的天体，已经这样旋转几十亿年了！

太阳系是如何形成的？

当太阳系开始形成时，它被一个旋转的气体和尘埃盘围着。随着这个盘旋转，小块物质聚焦到一起，逐渐变大，变成叫星子的固体。然后变成更大质量的原行星（"早期行星"）。它们质量很大，引力把它塑造成了球形。

冷和热

冻结线是太阳周围一个虚构的圆，大致位于小行星带中。冻结线之内的原行星离太阳较近，温度足够温暖，液态物质容易蒸发，留下了固体的岩石和矿物质。所以在冻结线以内的原行星逐渐变成了固态的类地行星。

在冻结线之外，离太阳较远，温度很低，液态物质很容易被冻结成冰。所以这里的原行星逐渐形成了气态的类木行星。随着引力拉入更多的尘埃和气体，这些类木行星质量变得越来越大。类木行星大多都有星环，也有很多卫星环绕。

安定下来

在行星形成的过程中，太阳仍然在形成。当太阳变得足够热，它的热量和太阳风将太阳系中的气体和小冰粒清除出去。

类地行星变成固态后，类木行星们逐渐移动到现在的位置。大部分冰星子移动到柯伊伯带和奥尔特云区域。还有一些冰星子被类木行星捕获，变成了它们的卫星。

太阳系就形成了！

我们是怎么知道的呢？

科学家们通过研究行星的内部结构和组成，来了解太阳系的形成。

★行星的轨道是近圆的，并且所有的行星几乎在相同的平面上。

★行星绕轨道运行的方向都是相同的。其中大多数行星自转的方向也是一样的，它们的大部分卫星是朝着同一个方向旋转。这也是太阳的自转方向。

★距离太阳较近的行星都比较小，是由岩石和金属组成的；距离太阳较远的行星非常大，由气体组成。

★所有行星的内部都是分层的，越往核心地区的物质密度越大。

★除了行星以外，太阳系中还有距离太阳较近的小的岩石状天体（小行星带），和距离太阳较远的小的冰天体（柯伊伯带和奥尔特云）。

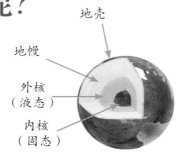

地壳
地幔
外核（液态）
内核（固态）

类地行星（地球）

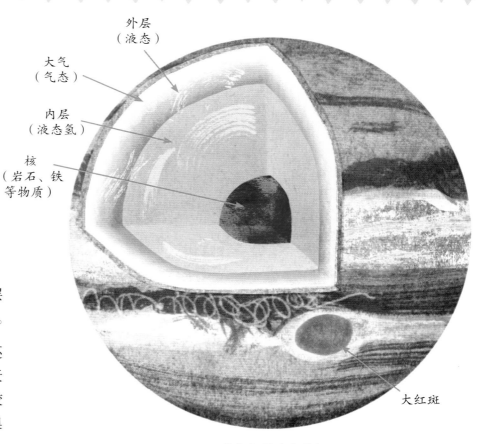

外层（液态）
大气（气态）
内层（液态氢）
核（岩石、铁等物质）
大红斑

类木行星（木星）

天王星

太阳系的诞生

大约 45 亿年前

太阳在一个旋转的由气体和尘埃组成的分子云中心形成。

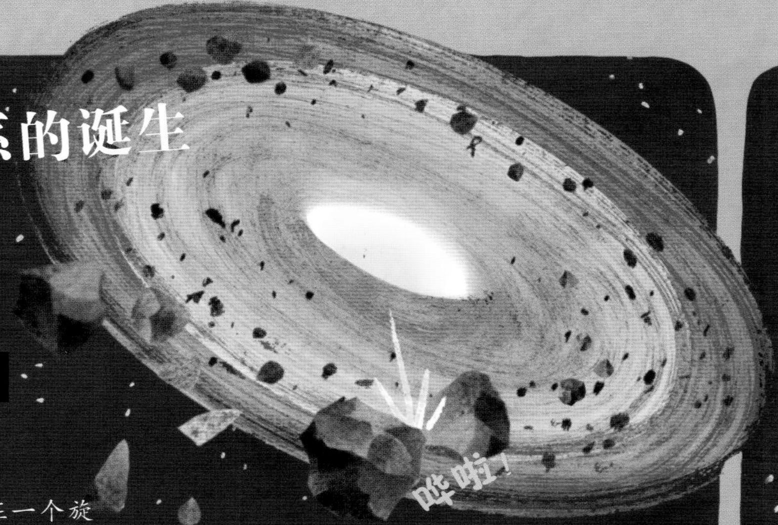

随着分子云盘的自转，尘埃颗粒由于引力的作用粘在一起，形成卵状物质，然后变成岩石，再变成星子。

哗啦！

星子碰撞，熔化在一起，形成球状行星，并在盘中清理出空隙。

砰！

岩石状星子

在冻结线以外的原行星，变成了较大的类木行星，由氢气和其他气体组成。

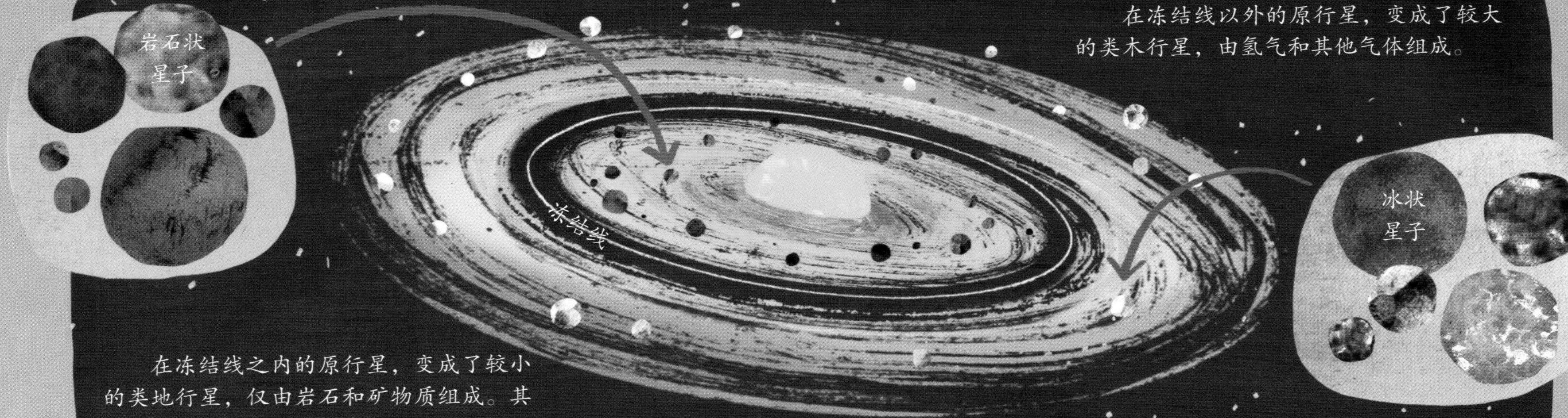

冻结线

冰状星子

在冻结线之内的原行星，变成了较小的类地行星，仅由岩石和矿物质组成。其他物质，例如水，已经蒸发了。

好啦！

剩下的冰星子形成了柯伊伯带。

剩下的岩石状星子就形成了小行星带。

形成的炽热太阳吹飞所有剩下的气体和尘埃。

彗 星

彗星是由冰和岩石组成的大块物体。它也在绕着太阳运动。当彗星接近太阳时，外部物质蒸发产生一条彗尾。当彗星远离太阳时，它就是一个由冰块和岩石组成的"脏雪球"。彗星大多来自柯伊伯带或奥尔特云。它经常受类木行星巨大引力的影响，偏离自己原本的轨道。

在古代，彗星常被认为是不好的象征，人们认为这种异常的天象，会给地球带来灾难。

现在看到彗星，可以说是一件令人激动的事情。我们已经知道彗星的奥秘了。每一次彗星造访内太阳系时，都要抓住机会看哦！

彗星的各个部分

当彗星离太阳大约 5 个天文单位时，外部的冰蒸发。内部的岩石和冰块变成彗星的核心，蒸发生成的气体，形成大气层，或叫彗发。

当一颗彗星到达离太阳大约 1 个天文单位时，会形成两条尾巴。彗尾在彗星距离太阳最近的时候最长最亮。

离子尾（气体尾或等离子尾）是由彗星大气中的电离气体组成的。它是由太阳风中的磁场力塑形的，并且总是背对着太阳。

一颗彗星的中心是什么呢？这颗彗星的核心看起来像是一颗小行星。条纹是随着彗星熔化，由气体和尘埃喷发形成的。

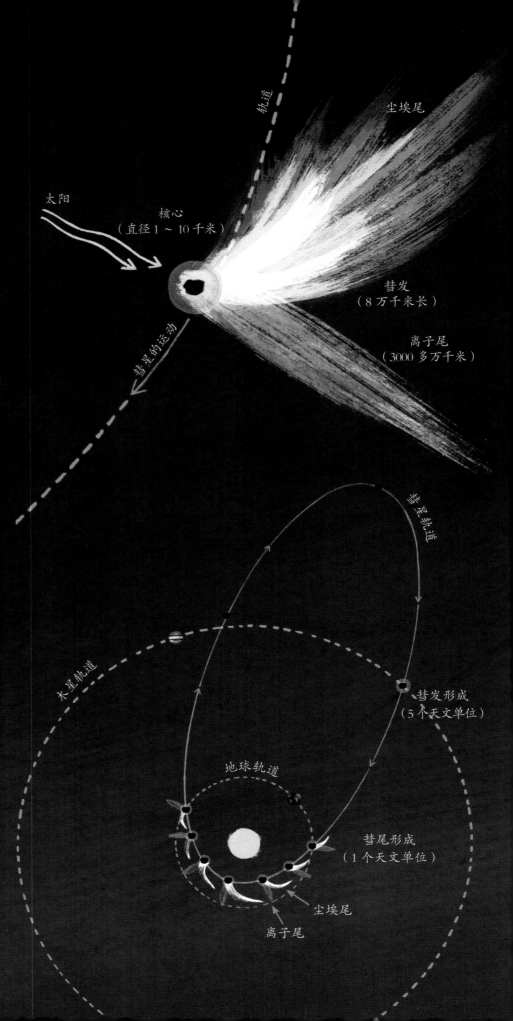

轨道

尘埃尾

太阳

彗星的运动

核心
（直径 1 ~ 10 千米）

彗发
（8 万千米长）

离子尾
（3000 多万千米）

彗星轨道

木星轨道

彗发形成
（5 个天文单位）

地球轨道

彗尾形成
（1 个天文单位）

尘埃尾

离子尾

尘埃尾是由尘埃粒子组成的，这些尘埃粒子是冰块熔化，由彗星的核心释放出来的。它们太轻了，所以被太阳辐射推了出去！尘埃尾在背对太阳的方向伸出，沿着彗星的路径弯曲。

还有一些尘埃比较重，没有被太阳辐射推开，留在彗星的轨道上。如果地球经过彗星的轨道，那么这些尘埃粒子就会变成地球上我们看到的流星了。

远距离旅行家

来自奥尔特云的彗星的轨道都是随机的，可以向任何方向移动。有时，它们完成一次完整的轨道运动需要花上千年的时间。

来自柯伊伯带的彗星只在太阳系平面上做轨道运动，方向和行星的方向一样，旅程时间不会超过200年。

目前已经发现了 3500 多颗彗星。其中大部分还在太阳系的远端，不靠近太阳，所以并没有产生彗尾。

大彗星是指裸眼可见的彗星。一颗彗星是否是大彗星取决于它的大小、成分以及距离太阳和地球的距离。而预测大彗星出现的时间是非常困难的。大彗星大约平均每10 年来一次。

如何观测彗星

如果一颗彗星来到太阳系中，我们能够通过各种途径知道它的到来。它还会在天空中不断地移动位置。拖着尾巴的彗星看起来像是一掠而过的，但其实它在太阳附近移动地相当缓慢，像行星一样。

看到彗星后，记得在你的天文笔记本上画下它。

"彗星"这一词语的原意是"带毛发的星"。

海尔—波普彗星，是 1997 年发现的大彗星。蓝色的尾巴是离子尾，黄色的尾巴是尘埃尾。

上一颗发现的大彗星是麦克诺特彗星，在 2006 年发现，但是仅仅在南半球可见。从这张图片中可以看到它的尘埃尾呈扇形展开，十分漂亮，在太阳风的作用下形成了条状光芒（右边亮的天体是月亮）

其他恒星和它们的恒星系统

除了太阳系，宇宙中还有很多其他的恒星，有它们自己的恒星系统。这些恒星系统中的行星，叫作地外行星。

而寻找这些地外行星就比较困难了。因为恒星往往又大又亮，在它旁边的行星几乎是看不到的。不过，天文学家们已经找到了一些寻找行星的方法。并在数千颗恒星中找到了地外行星。

★ 凌日法 当某一颗恒星突然变暗，有天体经过，那么经过的这个天体有可能就是一颗行星。

★ 成图法 用计算机成图处理，抠除恒星的光。见下图。

★ 多普勒法 如果一颗恒星的速度发生了变化，那么可能是因为有一颗正在做轨道运动的行星推拉它。

★ 微透镜法 当一颗恒星和行星经过一颗遥远的恒星，这颗遥远的恒星会变得很亮，这是因为恒星和行星的引力充当透镜作用，放大遥远恒星的光。

现在天文学家已经发现了超地球、迷你海王星、距离恒星很近的类木行星等。利用这些方法很难发现我们的太阳系，所以我们并不知道我们的太阳系是典型的还是特别的。

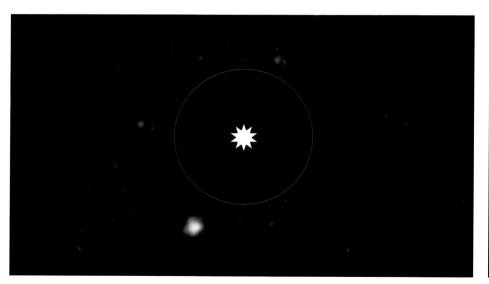

编号 HD 95086 的这颗恒星，在这幅图中，用计算机抠除它的光亮部分，只留下了它周围行星的图像，编号 HD 95086 b。白星是 HD 95086 的位置，围绕它的蓝色圆圈的半径是 30 个天文单位，这等同于太阳到海王星的距离。

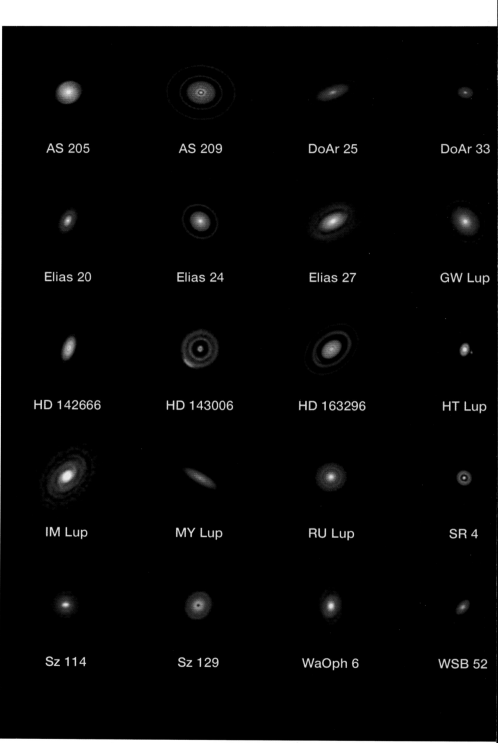

一架射电望远镜观测到的一些恒星周围的原行星盘。天文学家认为黑暗空间可能是由行星形成引起的盘中间隙。

更近地看

行 星

像月亮一样，金星在太阳周围旋转，也会经历不同的相位。在特定时间通过双筒望远镜，你能够清楚地看到它的相位。水星也有相位，但是它在地球的天空中看起来太小，我们不能直接看清楚这些相位。

外行星是不经历相位变化的。观看它们的最佳时间是在"冲"的时候。火星在双筒望远镜内看起来是橘红色的。但是如果你将火星和附近的恒星进行比较，它看起来像一个盘，而不是一个点。

木星的卫星

木星看起来也像一个盘，但是一个比火星大一点的盘。用50毫米的双筒望远镜，你能够看到木星最大的四颗卫星：木卫一、木卫二、木卫三和木卫四。当它们距离木星较远的时候，即使用更小的双筒望远镜也能看到它们。

连续几天在你的天文笔记本上画出你观测木星及其卫星的图像，观察这四颗卫星的运动方式。手机程序和网络能够告诉你每颗卫星在哪里。

这是从 2010 年 7 月到 2012 年 1 月，金星的一次完整相位变压合成图。

用双筒望远镜或者小型望远镜看，木星的卫星像是光点，这些卫星和它们的行星位于一条直线上。它们天天改变位置。

金色的土星

在 10 倍或者 10 倍以上放大倍数的双筒望远镜中，土星看起来是一个淡黄色的椭圆球体。在低倍数的双筒望远镜下，它看起来相当圆。如果没有望远镜，就看不到土星的星环。

行星派对

如果两颗行星处在"合"的状态，那么你能够在双筒望远镜中一起看到它们。

大彗星

一些彗星只能通过双筒望远镜或者望远镜观看到。在双筒望远镜中，它们看起来像是暗弱的毛球。你能用裸眼看到的只有大彗星，但是彗发和彗尾中有趣的细节，还是得用双筒望远镜才能看到。

海尔－波普彗星，1997 年发现的大彗星，在 18 个月的时间内裸眼可见，它的尾巴伸展得非常长。

5

恒星和星座

在黑暗的夜晚，我们可以看到的恒星有 4500 颗。

但是实际上是看不到这么多的！

因为云彩，月亮和耀眼的灯光会遮住那些暗弱的恒星。

在郊区，也只能看到大约 450 颗恒星。

在大城市中，你看到的就只剩下大约 35 颗了。

但是在这里，你能够全部了解它们！

星 光

恒星都会通过核聚变产生自己的光芒，和太阳一样。

那为什么天空中看到的恒星有的亮有的暗呢？恒星在天空中的亮度和它的实际亮度以及离地球的距离有关。一颗实际很暗但是距离地球近的恒星看起来比一颗实际很亮但是距离地球远的恒星更亮一些。

被称为"天文学之父"的希腊天文学家希帕克斯根据恒星的亮度把它们分为六等。至今，天文学家仍然在使用这个星等系统。

第 1 等恒星是最亮的，在刚刚日落的时候就能看到。第 6 等恒星是最暗的，只有在晴朗无月，远离城市灯光的夜晚可见。我们能够看到的最暗的恒星是第 6.5 等。

✹	第 0 等	御夫座中的五车二
✶	第 1 等	双子座中的北河三
✷	第 2 等	北极星
✦	第 3 等	小犬座中的南河二
◆	第 4 等	天鹰座中的吴越增一

天空中 8 颗最亮的恒星		
恒星	所属星座	半球可见
太阳	–	–
天狼星	大犬座	南北半球
老人星	船底座	南半球
南门二	半人马座	南半球
大角星	牧夫座	南北半球
织女星	天琴座	北半球
五车二	御夫座	北半球
参宿七	猎户座	南北半球

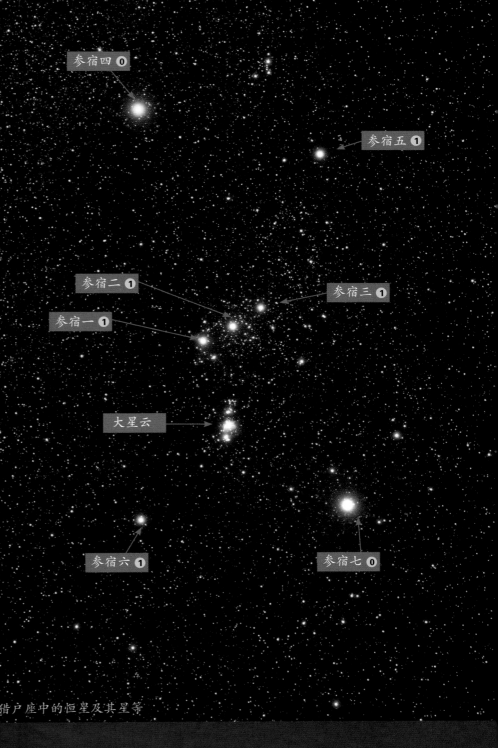

参宿四 **0**

参宿五 **1**

参宿二 **1**

参宿三 **1**

参宿一 **1**

大星云

参宿六 **1**

参宿七 **0**

猎户座中的恒星及其星等

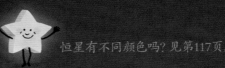

恒星有不同颜色吗？见第117页。

恒星在夜间如何移动？

想象一下，有一个包住地球的水晶球面，所有的星座都印在上面。这就是古代人探究恒星运动的模型。随着地球从西到东旋转，星座看起来是从东到西移动。

天极是恒星看起来旋转的中心点。靠近天极的恒星随着地球自转做小圆周运动。在天赤道附近的恒星做大圆周运动。

北极星

北极星，是位于小熊星座手柄末端的恒星，距离北天极 0.5°。在夜间，它基本不移动。我们叫它北极星，是因为无论恒星如何移动，北极星总是在北方。

北天极

北极星

黄道

天赤道

南天极

恒星像太阳一样是从东向西移动，这是因为地球是从西到东在旋转。

所有的恒星都绕着极点做圆周运动，但是越靠近极点的恒星圆周越小。还有一些恒星一直都处在极点附近，这些恒星被称作拱极星。

恒星路径

　　一颗恒星在天空中的路径是由它在天球面的位置决定的。位于天赤道上的恒星从东方升起，在西方落下，在地平线上的时间大约是12个小时。

　　毕宿五，金牛座中"牛的眼睛"，位于天赤道的北部。它从东北方升起，在西北方落下。在北半球，它在地平线上的时间超过了12个小时。

　　天狼星，位于大犬座中，在天赤道的南部。它从东南方升起，在西南方落下。在北半球，它在地平线上的时间少于12个小时。

　　听起来有没有很熟悉？太阳的路径在一年之中也是这样的：在六月份位于天赤道的北部，十二月份位于天赤道的南部。它和处在天赤道北部和南部的恒星走的路径是相同的。

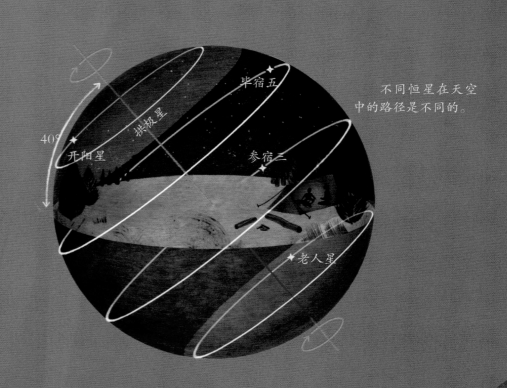

不同恒星在天空中的路径是不同的。

恒星和星座

北天极在天顶

毕宿五

天赤道在地平线上

北极的天空

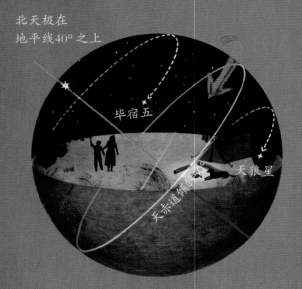

北天极在
地平线40°之上

毕宿五

天狼星

天赤道倾斜

北纬40°的天空

北天极在
地平线上

毕宿五

天狼星

天赤道通过天顶

赤道处的天空

在世界的哪里？

我们知道，从地球上不同位置看，太阳的路径是不同的。这对于其他恒星来说，也是一样的。在比较靠北的地方，北极星在天空中很高的位置。在比较靠南的地方，北极星在天空中很低的位置。而在南半球的人们，是根本看不到北极星的！

天赤道总是和天极相差90°。天赤道是一条看不见的圆弧，从东到西顺着天空延伸。它倾斜的角度是用90°减去你所在地方的纬度。随着地球自转，恒星也绕着极点旋转，与天赤道平行。

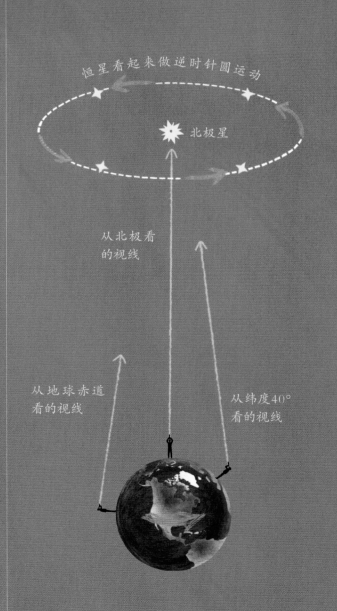

恒星看起来做逆时针圆运动

北极星

从北极看
的视线

从地球赤道
看的视线

从纬度40°
看的视线

新地方，新恒星

古希腊的科学家在一次去埃及的旅行中发现，在埃及看到的北极星比在古希腊看到的位置低。同时，他们还发现了一颗新的恒星——老人星。老人星在古希腊是看不到的，由此古希腊人开始意识到，地球是球形的。

上方究竟在哪里？在地球上，不同位置的人的上方都是不一样的，而在太空中，没有上方和下方，因为没有引力。

北极星

可靠的北极星总是会告诉我们北方在哪里。

我们越往南走，北极星在天空中就越低！哎？这颗新的恒星从哪来的？地球一定是圆的！

老人星

探险家如何根据恒星出海航行？

欧洲的航海家们第一次远航到北美洲的时候，路上就靠着北极星来辨别方向。他们先向西航行到大西洋上，当没有任何可以撞到的陆地时，他们就会测量北极星的高度。

如果他们想要到达詹姆斯敦，他们会向北或者向南航行直到北极星的高度等于$37.2°$（也是詹姆斯敦的纬度）。他们会一直保持北极星位于航行方向的右侧，直到他们发现陆地为止。他们通过测量北极星的高度来寻找新大陆的方向。

果然，根据北极星的指路，他们发现了新大陆！

用恒星分辨南方和北方

你也可以像航海家一样，用恒星和星座来找到自己的路。

在北半球，北极星是北边的恒星，总是挂在北极上方的天空中。它仅是中等亮度，借助大熊星座中的北斗星能够帮助你找到它。

在南半球，没有处在南极上方的"南极星"。只能通过从南十字星座向外画一条线寻找南方。

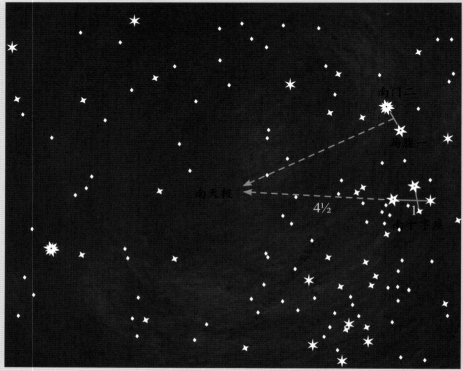

1. 找到北斗星。北斗星是天空中最亮的星群之一，但是它们并没有被正式确定为一个星座。它们连起来组成了一个勺子的形状。北斗星在很多地方的天空中都能看到。

2. 北斗星"勺子"底端的两颗恒星叫作指极星。把这两颗恒星连起来画一条线，这条直线就指向北极星。

3. 指极星到北极星的距离大约是两颗指极星间距离的5倍。

1. 南十字星座是南半球大部分地方可见的拱极星。在10月到11月期间，它在天空中非常低的位置。十字的长条部分指向南天极。

2. 十字长条部分头尾连接的距离延伸4.5倍，就到达南天极了。南天极距离十字的脚大约2.5个拳头（25°），距离十字的头大约3个拳头（30°）。

3. 半人马座中最亮的两颗恒星是南门二和马腹一，是南半球的指极星。它们指向南天极的方向。在两颗指极星之间画一条连接线，再画一条垂直线。这条垂直线就指向南天极的方向，与南天极的距离大约是3个拳头大小（30°左右）。

我们怎样测量天空中的天体？
使用宇宙量角器！见第13页。

星座是什么

人类向来擅于观察和想象。人们看到云彩，能想象出形状相近的东西；看到影子，会联想到恐怖刺激的情节；而看到恒星，则编写出了各种各样的神话故事。

我们的祖先看到夜空中的星星，发现每一颗都是升起又落下，循环往复。他们也看到恒星在穿过天空时，以群体的模式待在一起。

他们还发现将夜空中相邻的星星连接起来，会出现很多有趣的图案，这些图案就是星座。他们根据这些图案，创造出了很多美丽的神话故事，相邻星座的故事还是有所关联的。星座的发明展现出我们的祖先对神秘天空的想象，也便于人们记忆每一颗星星的位置。

猎户座中的"猎人"，向着金牛座的"公牛"挥舞着武器。

天文笔记

自制星座 ★

一些人看到猎户座认为它更像是一个独木舟，而不是一个猎人。你从这些恒星里会有新的发现吗？

1. 在本章后面的季节星空图中选一张在天文笔记本上临摹出来。

2. 画好后，盯着看一会儿，你看到了哪些形状？像什么？再把每个点用线连起来，给它们起个新名字吧！

3. 最后根据这幅图，编一个新故事吧！

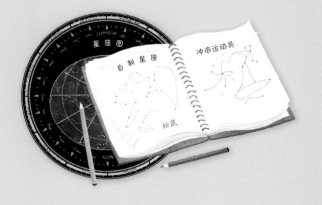

黄道十二宫和黄道

黄道两边分布着 12 个星座，叫黄道十二宫，包括白羊座、金牛座、双子座、巨蟹座、狮子座、处女座、天秤座、天蝎座、射手座、摩羯座、水瓶座和双鱼座。

黄道也经过蛇夫座，但是这个星座没有被包括在黄道十二宫中。

太阳在黄道十二宫的每一个星座中大约停留一个月的时间。月亮和行星也会经过黄道十二宫。但是它们行进得非常缓慢，所以每晚看起来都像是在一个固定的位置。

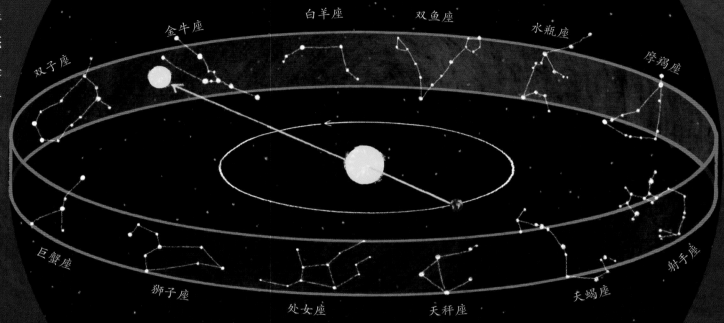

随着地球在太阳周围旋转，太阳看起来像是沿着黄道十二宫的星座移动。这幅图中太阳是在金牛座中。

占星与星座

占星学，是用天体的移动和所处位置来预测将来要发生的事情。古巴比伦人和后来的古希腊人，将黄道分成 12 个部分，将每一部分以最近的星座命名。这 12 个部分就被称为占星学中的星座。

恒星季节

恒星也是有季节性的。随着地球绕着太阳旋转，在不同的季节能看到不同的恒星和星座。

在六月份，地球和天蝎座位于太阳的同一侧，但是和金牛座却正好相反。对我们来说，这个时候金牛座是在白天的天空中的，我们自然看不到它。只能在夜晚看到天蝎座。

在十二月份的时候则刚好相反，天蝎座在白天的天空上，我们只能看到晚上的金牛座。随着地球绕太阳旋转，恒星每天都会早升起4分钟。这些4分钟加起来的结果就是恒星每两周会早升起1个小时，每个季节早升起6个小时。

在古希腊神话中，天蝎座和猎户座是不共戴天的敌对方，因此天神把它们放在了彼此相反的一端，永不相见。并且金牛座和猎户座是邻居哦！

冬季星空

在12月份能看见金牛座

昴宿星团，七姐妹星团。

毕宿五，金牛座中"牛的眼睛"。

夏季星空

在6月份能看见天蝎座

心宿二，天蝎座中"天蝎的心脏"。

两颗恒星，天蝎座中"天蝎的针"。

制作星轮 ★ ★

星轮（星座图）是一张恒星地图，做好后你能在一年中不停地调整。在这里会教你如何制作星轮，来找到恒星和星座。

你需要：

- 复印机、扫描仪或者打印机
- 剪刀
- 两张卡片纸和一个文件夹
- 胶水
- 扣钉
- 记号笔和贴纸

1. 在地图或者地球仪上，找到你所在地区的纬度。

2. 将恒星图和支架打印出来，剪裁。支架需要你沿着最靠近你的纬度的曲线剪出来。

3. 在两张卡片纸上各剪出一个圆，圆的大小取决于星图的大小。然后将星图用胶水粘在圆圈的每一侧，保证两个圆圈上的月份都排列整齐。

4. 将支架用胶水粘在两个圆圈上，还要剪出窗口（右图白色区域）。

5. 从中间折叠支架，然后在虚线内的边缘涂上胶水，将前后两面粘起来。

6. 将做好的星轮放在支架中。如果你在北半球，就把北半球恒星图放前面，如果你在南半球，就把南半球恒星图放前面。

7. 用剪刀小心地在圆圈中心剪一个小洞，在支架背面的中心标志处也剪一个小洞，然后用扣钉把它们连起来。

8. 你还可以把你的支架装饰得独一无二。

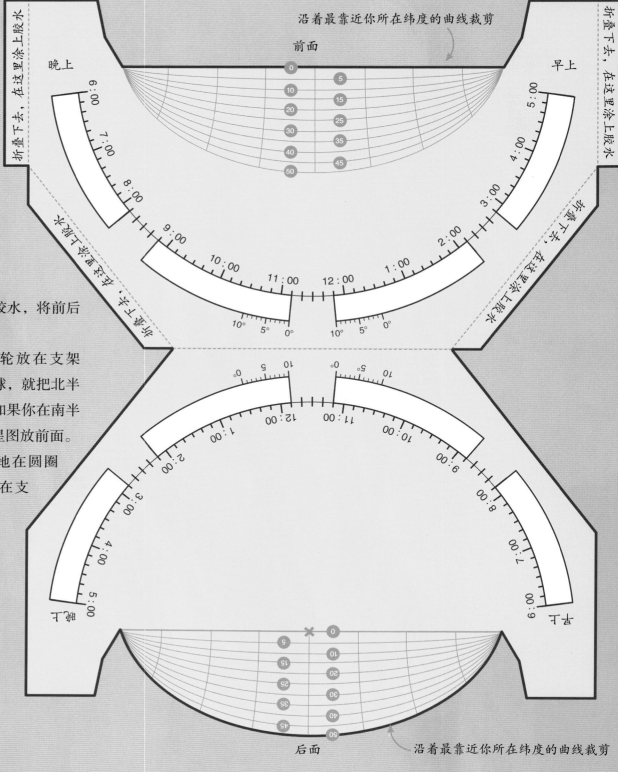

沿着最靠近你所在纬度的曲线裁剪

前面

晚上

早上

折叠下去，在这里涂上胶水

折叠下去，在这里涂上胶水

后面

沿着最靠近你所在纬度的曲线裁剪

星轮怎么用？

支架弯曲的边缘代表地球的地平线。在北半球，前面是北部的地平线，后面是南部的地平线。在前面地平线的中心写一个 N，后面地平线的中心写一个 S。

如果你在南半球，则正好相反，前面是南部的地平线，后面是北部的地平线。前面地平线中心写的就是 S，后面地平线中心写的就是 N。

看北半球的天空，左边是西，右边是东。看南半球的天空，东在左边，西在右边。你需要在支架的"耳朵"上，写上 E 和 W。

为了更加准确地看到不同日期时星空的样子，要将星轮和支架上的日期排在一起。在每一次使用前都要检查日期是否对应准确。

红色的圆圈是黄道。你可以在这里寻找太阳系中的行星和月亮。

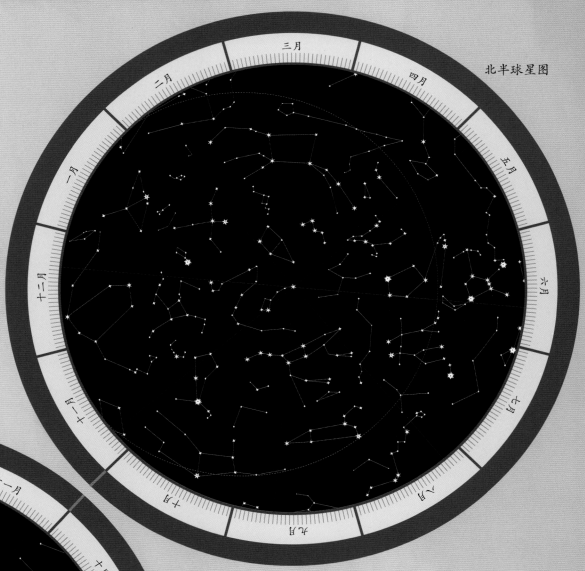

北半球星图

南半球星图

用起来吧

在一个晴朗的夜晚，设置好星轮上的日期后，就出门吧，记得带上你的红色手电筒。刚到黑暗的地方，先等几分钟，让你的眼睛适应黑暗。

先来寻找星座。面向北方站好，将星轮上标记 N 的那一侧放在你的前面。符号越大，代表的恒星越亮（第89页）。你能将星图中的星座和天上的恒星匹配到一起吗？

向东转身，将星轮上写 E 的那一侧朝向底部。然后试着匹配东边天空中的星座。在西边和南边的天空也同样可以这样做。

你还可以找到你头顶正上方的星座。从头顶向上看，将星轮举过头顶，转动支架，将它和你在天空中看到的相对应。

无论是在哪一天，星轮在距你居住地的 5° 纬度范围内都能使用。

在不同的季节仰望星空
——北半球

旁边这幅星空图中的星座，日落时就从东方升起了，整夜都能看见。当然你也能看到其他星座。上一个季节的星座在夜晚开始时处于西方。下一个季节的星座将在午夜之后升起。

你可以用星轮来探索（见第98～99页）。

北方拱极星

北斗星和小北斗星指的是大熊座和小熊座中的两个星群。小北斗星比北斗星小而暗，所以叫小北斗星。北斗星指向北极星（第90页）。

相对于北极星，仙后座在北斗星相反的一侧。整个晚上，仙后座和北斗星绕着北极星慢慢地旋转。

与仙后座相邻的星座是仙王

北斗星会随着季节的变化旋转并改变位置

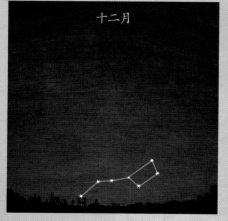

十二月

三月

六月

九月

座，是一个很暗弱的星座。环绕着小北斗星的星座是天龙座。

指极星

　　北斗七星"勺"内侧的两颗恒星连成一条线，指向轩辕十四，它是狮子座中最亮的恒星。这里的恒星连起来看，真的像一头雄壮的狮子。

　　用这两颗恒星指向相反的方向，是亮蓝色的织女星，它是夏季大三角星群中的一颗恒星（第108页）。

　　用北斗七星中的其他恒星还能找到飞马座、御夫座和双子座。

　　沿着北斗七星的"勺柄"画一道圆弧，就能找到大角星，这是牧夫座（第106页）中最亮的恒星。从大角星能快速找到角宿一，它是处女座中最亮的恒星。

太空对话　　一个星群指的是一小群恒星，星群也有自己的名字，它们往往处于一个更大的星座之内。

星形指示牌

　　北斗七星像是一个指示牌，能够指向北极星，还能够指向狮子座、双子座和许多其他恒星及星座。

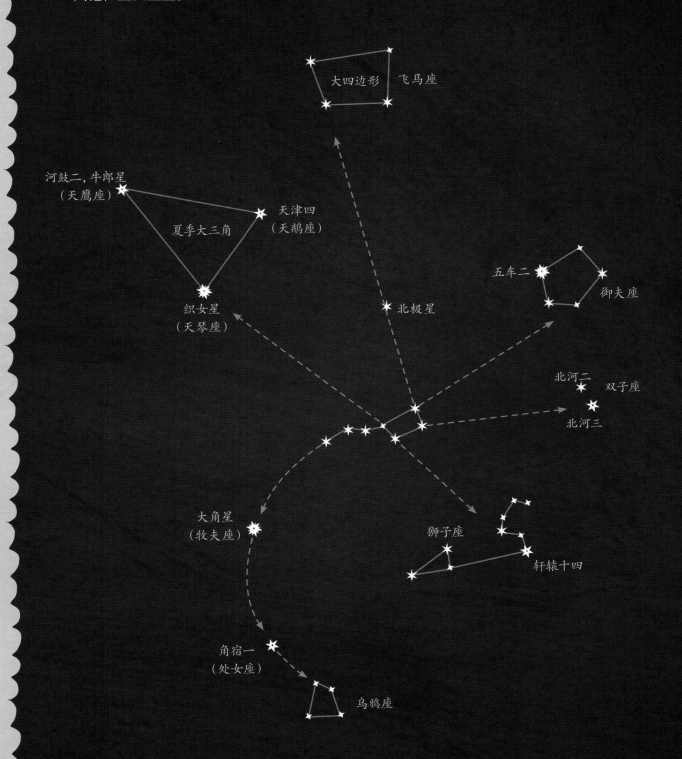

大四边形　飞马座

河鼓二，牛郎星（天鹰座）

天津四（天鹅座）

夏季大三角

北极星

织女星（天琴座）

五车二　御夫座

北河二　双子座

北河三

大角星（牧夫座）

狮子座

轩辕十四

角宿一（处女座）

乌鸦座

八月、九月和十月的恒星

九月的夜晚，从北纬 40° 向东看到的恒星。

仙后座

仙女座星系

飞马座

大四边形

黄道

仙女座

大陵五
（英仙座 β 星）

飞马座

北

东

南

　　九月份最明显的星座是飞马座（像一匹飞翔的马），英仙座（"人"字形）和仙女座（被拴住的女神）。

　　大四边形星群是飞马座的"身体"。仙女座是三颗亮星的连线，且是从大四边形中的一个角进行对角线延伸出来的。位于仙女座中的仙女座星系，是银河系最近的邻居。

　　英仙座位于仙女座和仙后座之间。一些看到它的人觉得英仙座像一个购物车。"购物车"的前端是恒星大陵五，这是英仙座中第二亮的恒星。

　　大陵五的轨道上有一颗暗弱的伴星。每三天左右，大陵五会变暗到原先亮度的 1/3，变暗时间

会持续约 10 个小时，这时它的光被更暗弱的伴星遮挡。

　　在英仙座和仙后座的中间还有一对漂亮的星团，用双筒望远镜很容易就能看到。如果你在的地方足够黑暗，用眼睛甚至就能直接看到它们。

星团是出生在相同的气体和尘埃中，被强大引力汇集在一起的一群恒星。

古希腊的恒星故事

很久以前，有一对埃塞俄比亚的国王夫妇，他们有一个女儿叫安德罗墨达，长得非常漂亮，她的母亲总是忍不住夸她比海神之女还要漂亮。

海神波塞冬听说后非常不高兴，要引发大海啸来淹没这个国家。唯一可以拯救国家的办法就是将安德罗墨达用铁链绑在岩石上，让海怪吃掉。

幸运的是，被绑在岩石上的安德罗墨达遇到了一位英勇的青年珀尔修斯。珀尔修斯是在杀掉蛇发女妖美杜莎回来的途中看到了将要被吃掉的安德罗墨达。传说中美杜莎的眼睛看到什么，什么就会变成石头。珀尔修斯飞上天空，用剑刺伤了海怪，然后拿出美杜莎的头颅，让海怪变成了石头。珀尔修斯救下了安德罗墨达，并娶她为妻。

英仙座中有一颗叫大陵五的恒星。如果把整个英仙座想象成英雄珀尔修斯的话，大陵五刚好就是他手中提着的美杜莎的头颅。

十二月的夜晚，从北纬 40°向东南看到的恒星。

东

东南

南

在这段时间内，整个夜晚都能看到的星座是猎户座。猎户座中最亮的两颗星分别是橘红色的参宿四和蓝白色的参宿七。

猎人的"腰带"是三颗等间距的恒星，位于星座的中央。悬挂在腰带上的是猎人的"剑"，这是三颗较暗弱的恒星。"剑"的中央恒星是猎户座大星云，又叫 M42，是

正在形成恒星的气体尘埃巨云。用双筒望远镜很容易就能看见。

在北半球，猎户座中或者它周围的亮星有时被称作冬季六边形。猎人的"腰带"指向金牛座中的毕宿五。金牛座中的"V"字形星团叫作毕星团。在它旁边的是另一个星团——昴宿星团，也叫七姐妹星团。这个星座源于古希腊神话中猎

户追捕七姐妹的一个故事。它们的运动轨迹能够让你看到"追捕"的过程：猎户座会跟着七姐妹星团一起从东到西移动。

在相反的方向，猎人的"腰带"指向天狼星，这是大犬座的"眼睛"。邻近的南河三是小犬座中最亮的恒星。

将参宿七和参宿四连接起来的

这条线指向双子座的脚。双子座中最亮的恒星是北河三和北河二，这是一对双胞胎的名字。

六边形中还有一个星座是御夫座，位于猎人头的上面。它是一个被压扁的五角星形状，最亮的恒星是五车二。

南非的恒星故事

在南非，流传着一个猎人的故事。一个猎人娶了天空之神的所有女儿。有一天，猎人的妻子们让他出去捕猎三匹斑马，但是只给了他一支箭。猎人连一匹斑马都没有射中，不敢回家。

他也不敢上前拿回那支没有射中的箭，因为旁边还蹲着一头饥饿的狮子。他就这样坐在冰冷的天空中，等啊等，一直等到现在，也许还会继续等下去。

故事中的三匹斑马就是猎户座中猎人的"腰带"，掉落的那支箭就是猎人的"箭"，饥饿的狮子就是参宿四。猎人和他的妻子们就是附近金牛座的毕宿五和昴宿星团。

二月、三月和四月的恒星

四月的夜晚，从北纬40°向东南看到的恒星。

北斗星 · 狮子座 · 轩辕十四 · 牧夫座 · 大角星 · 处女座 · 乌鸦座 · 北冕座 · 贯索四 · 武仙座 · M13 · 角宿一

东 · 东南 · 南

　　这个时候天空中能看到的星座有很多：狮子座、牧夫座、北冕座和武仙座。

　　狮子座是一个明亮的黄道十二宫星座。它位于黄道上，因此行星和月亮在它们绕太阳运动的旅程之中经常穿过狮子座。轩辕十四是狮子座中最亮的恒星，在双筒望远镜中，它是蓝白色的。

　　牧夫座看起来像是一个冰激凌甜筒，大角星在它的顶点上。你已经知道如何跟着北斗星"勺柄"的圆弧找到大角星了吧（第101页）！

　　跟着那条圆弧还能继续到达另一颗亮星——角宿一。蓝色的角宿一是极其暗弱的黄道十二宫星座上

处女座中唯一的亮星。在处女座的右边，是由几颗中等亮度恒星组成的乌鸦座。

　　牧夫座的左边是北冕座。它看起来像一个皇冠，最亮的恒星贯索四位于中间。

　　北冕座的左边是武仙座。用50毫米及以上的双筒望远镜能够找到

武仙座中的M13星团。M13看起来像是一颗暗弱的、有绒毛的恒星，它其实是一个球状星团，包含着40万颗恒星，绕着银河系做轨道运动。

印第安人的恒星故事

从前，有一个由鸟类组成的打猎团：知更鸟是领队，山雀和灰噪鸦背着大锅紧随其后，再后面跟着的是鸽子、冠蓝鸦、棕榈鬼鸮和白领林鸮。

整个夏天，它们都在追赶熊。慢慢地，白领林鸮觉得很累就先回家了。其他的鸟儿也一个接一个回家了，最后只剩下了知更鸟、山雀和灰噪鸦。

从这个故事我们可以知道北边天空中的恒星是如何移动的。知更鸟、山雀、灰噪鸦组成北斗星的"勺柄"，熊是北斗星的"勺"。勺柄中间的恒星叫开阳星，旁边有一颗暗弱的伴星叫开阳增一，这就是故事中的那口大锅！

在夜晚的星空，北斗星的勺柄跟随着勺，就像是猎人追赶着熊。

在夏天，四个猎人向下经过地平线，放弃了捕猎。在秋天，北斗星的勺最靠近地平线。这时知更鸟击倒了熊，使下面的树叶和知更鸟的胸脯变红了。

北冕座（左侧）是熊冬眠的洞穴。它在3月出现，这个时候是北半球的春天。

五月、六月和七月的恒星

七月的夜晚，从北纬40°向东南看到的恒星。

织女二　织女星

天琴座

天津四　天鹅座　辇道增七

夏季大三角

牛郎星，河鼓二

天鹰座

海豚座

心宿二

天蝎座

射手座

东南

东

南

从六月到九月，天空中最亮的三颗恒星是河鼓二（牛郎星，在天鹰座中），天津四（天鹅座的尾巴）和织女星（天琴座中）。在北半球，这三颗恒星一起被称作夏季大三角，这也是一个星群。

天鹅座的头，是恒星辇道增七，靠近夏季大三角的中心。通过望远镜可以看到，辇道增七是由一对漂亮的橘黄色和蓝色恒星组成的双星系统。

通过天鹰座可以找到暗弱的海豚座。

天琴座是一个等边三角形和一个平行四边形的组合。三角形是由织女星和另外两颗恒星组成的。不在平行四边形的那颗恒星是织女二，它是在双筒望远镜中很容易被看到的一对双星。其实这一对双星中的每一颗星也是由一对恒星组成的。织女二还有一个小名，叫"双双"。

天蝎座和射手座是两个非常亮的黄道十二宫星座。它们居住在银河系中非常明亮的区域，用双筒望远镜观看，里面包含着很多恒星、星云和暗云（更多见第116页）。

银河系的中心就在射手座的方向上，射手座的中央恒星经常被称作"茶壶"。

天蝎座中最亮的恒星叫心宿二，英文意思是"火星的对手"。因为它和火星实在是太像了，也是明亮的、红色的，并且靠近黄道。

中国的恒星故事

中国有一个古老的故事，是牛郎和织女的传说。相传，玉皇大帝有七个女儿，第七个女儿下凡，与一个放牛的青年相爱并且结婚，生下了孩子。王母娘娘知道后十分生气，便将七仙女带回天庭，命她日夜在天空中编织云朵，并且在她和牛郎中间用金簪划出了一条银河，不许他们再相见。

织女和牛郎都非常思念对方。牛郎便悄悄地牵着牛、带着孩子们，想尽办法上天去见织女。王母娘娘被这二人的真情打动，允许他们一年可以见一次面，就是在每年的农历七月初七。在这一天，许许多多的喜鹊会飞过来，在银河上为牛郎和织女架起一座鹊桥，让他们一家团圆。而农历七月初七这一天，就被称为"七夕节"，也叫"乞巧节"。

织女其实就是天琴座中的织女星。天琴座的一部分可以看作她的织布机。牛郎就是天鹰座中的牛郎星（河鼓二）。牛郎星两边的两颗恒星是织女和牛郎的儿子们。牛郎星和织女星分别在银河的两边遥遥相对。天鹅座中最亮的恒星天津四在鹊桥的中间位置。

在不同的季节仰望星空——南半球

如果你在南半球，那么前文讲的星座中，有很多你是看不到的。在南半球，你看到的那些北半球可见的星座是上下相反的。

南天拱极星

并没有一颗恒星是直接标记南天极的，南天极附近的星座都比较暗弱。

南十字座算是一个比较明亮的星座，它比较小，指向南天极。如果你所在的地方足够暗，你还能看到银河系直接穿过南十字座。南十字座是煤袋星云的家，煤袋星云是一团致密的尘埃云，看起来像是银河系中一块暗黑的斑块。

船底座是一个大的古老的星座，在南船座的底部。它最亮的恒星是老人星，也是天空中第二亮的恒星，位于天狼星的后面。

船底座也是漂亮的船底座大星云的家，船底座大星云比猎户座大星云更大更亮。利用双筒望远镜查看它时，枕形星团也在同一视场中。

半人马座中最亮的恒星是南门二，是一颗拱极星，你可以用它来寻找南天极。欧米伽半人马座看起来像一颗恒星，但其实它是银河系中最大的球状星团。

最漂亮的两个南部拱极天体是大小麦哲伦云。这是两个小星系，绕着银河系做轨道运动，最终将变成银河系的一部分。之所以被称为麦哲伦云，是因为葡萄牙航海家斐迪南·麦哲伦在第一次环球旅行中发现了它们。

南部拱极星
天坛座
天狼座
孔雀座
三角座
南门二
半人马座
天鹤座
欧米伽半人马座
煤袋星云
+ 南天极
苍蝇座
南十字座
小麦哲伦云
水蛇座
凤凰座
船底座
船底星云
水委一
大麦哲伦云
波江座
帆船座
南船座
老人星
船尾座

波利尼西亚的恒星故事

这是太平洋上的小岛波利尼西亚的一个传说，叫作"毛伊和他的鱼钩"。

毛伊是半人半神，会施展魔法。他还有两个哥哥。有一天，他和他的哥哥们去海洋的最深处钓鱼。他将鱼钩从船上抛下，然后告诉哥哥们，用尽所有力气去划船，但是不要回头看。

于是哥哥们使劲划啊划，不久他们感觉到毛伊的鱼钩钓到了鱼。其实是毛伊的鱼钩抓住了海洋的底部，拔起了一整片陆地。

哥哥们十分好奇，便忘记了毛伊的嘱咐，都回头去看。看到毛伊钓起来的陆地，他们非常惊讶，便忘记了划船。谁知道，船一停下，毛伊手中钓起的大片陆地沉了下去，瞬间就只剩下了一处小岛。

你能够在天蝎座中看到毛伊的鱼钩哦！你还能够看到鱼钩已经钓到了一条巨大的鱼，那就是射手座。在第108页中提到的夏季大三角，是系在鱼钩上的一卷绳子。

你找到所有的行星了吗？
　　这里是它们在书中隐藏的位置：水星，第7页；金星，第8页；地球，第9页；火星，第11页；木星，第25页；土星，第43页；天王星，第82页；海王星，第128页。